Callwey

Der Shaker-Garten

Von der Schönheit des Nützlichen

Stephanie Donaldson

Callwey

Inhalt

EINFÜHRUNG

„Wenn man eine Pflanze liebt und ihr gibt, was sie braucht, wird man dafür reich von ihr belohnt."

ELDER FREDERICK EVANS

Schon lange bewundere ich die reduzierte Schlichtheit von Architektur und Design der Shaker. Je mehr ich im Laufe der Jahre über die Shaker erfuhr, desto größer wurde meine Begeisterung für ihren besonderen Gartenstil mit seiner einfachen Symmetrie, seiner Verwendung natürlicher Materialien und seiner Betonung schöner Nützlichkeit. Während viele den Shaker-Einfluss auf die Wohnkultur schon gespürt haben, ist den wenigsten bewusst, wie weitreichend er auf Garten- und Ackerbau ist. Anders als die Amish waren sie Innovationen nie abgeneigt und haben Arbeitserleichterungen immer gern aufgenommen oder sogar selbst erfunden.

Dieses Buch ist weniger eine Übung in historischer Exaktheit denn eine Interpretation der Shaker-Prinzipien im Gartenbau. In früheren Shaker-Siedlungen in Neuengland, Kentucky und Ohio,

Links:
Neuer Shaker-Garten
Für dieses Buch wurde ein Garten nach den Prinzipien der Shaker angelegt.

Mitte:
Pflanzenstützen
Am Zaun lehnt ein Bündel Erbsenreiser – man braucht sie nur noch einzustecken.

Rechts:
Aussetzen
Saatkartoffeln und zarte Kletterbohnenpflänzchen warten darauf, ins Freiland gesetzt zu werden.

die heute als Museen unterhalten werden, kann man aktuelle Versionen von Shaker-Gärten in ihrer ursprünglichen Umgebung besuchen; ich möchte keinerlei Anspruch erheben, diese nachahmen zu wollen.

Stattdessen habe ich, mit dem *Gartenhandbuch* der Shaker in der Hand *(The Gardener's Manual*, erschienen 1843), meinen eigenen „Shaker"-Garten angelegt, kultiviert und bepflanzt. Ich wollte herausfinden, wie relevant diese Gartenfertigkeiten für den Gärtner von heute sind. Dabei ist mir klar geworden, wie viel wir in unserer modernen Welt, wo „Instant"-Ergebnisse erwünscht sind und Geduld ein Konzept von gestern ist, von den Shakern lernen können: Der Prozess des Gärtnerns selbst ist ein Erlebnis, nicht nur seine Resultate. Die Shaker glaubten, eine jede Aufgabe verdiene es, dass man sich ihr ganz und gar widme, und während sie

religiös motiviert waren, ist für die Übernahme ihrer Ideen für den eigenen Garten kein besonderer Glaube notwendig. Sorgfältige Planung, gründliches Umgraben, sorgsames Pflanzen und regelmäßige Pflege sind das Wesen eines jeden guten Gartens.

Die Betonung in meinem Shaker-Garten liegt zwar auf ertragbringenden Pflanzen, doch die Wahl besonders dekorativer Sorten und die Kombination von Blumen, Früchten und Gemüse macht ihn nicht nur zu einer reichen Nahrungsquelle, sondern lässt das Ergebnis auch ausgesprochen hübsch aussehen. Der Einsatz effizienter, stabiler Gerätschaften ist selbstverständlich. Nun, da sich unsere übergroße Liebe zum ewig haltbaren Plastik auf dem Rückmarsch befindet, entdecken wir die Attraktivität natürlicher Materialien wie Holz, Stein und Terrakotta für Wege, Zäune, Umrandungen, Pflanzenstützen und Behälter erneut.

Links:
Sommerlicher Überfluss
Im Hochsommer verschwindet die Struktur des Gartens vollends unter der Fülle der schnell heranwachsenden Früchte und Gemüsepflanzen.

Rechts:
Im kleineren Rahmen
In diesem Miniatur-Shaker-Garten gediehen zwischen dem Gemüse winzige Sonnenblumen – als sie verblüht waren, wurden ihre Samenteller für die Vögel getrocknet.

Ich schreibe dieses Buch, um den Leser dazu anzuregen, in seinem Garten schlichte, dauerhafte Schönheit zu erschaffen, wie klein oder groß dieser auch sein mag. Im Laufe der Jahre habe ich gelernt, dass der Gartenbau ein doppelfädiger Zwirn ist – gute Pflege und Mode laufen nebeneinander her. Gute Pflege baut auf Wissen, Erfahrung und den Lauf der Zeit, während Mode weitaus vergänglicher ist.

Der Shaker-Garten ist ein Buch über nachhaltige Gartenpflege nach meinem besten Vermögen; meine Quelle der Inspiration und Information waren die Glaubensbrüder und -schwestern der Shaker, die ihre Gärten ohne Ansehen von Modeerscheinungen bestellten, jedoch mit einem tiefreichenden Verständnis und Liebe zu den Pflanzen.

Stephanie Donaldson

Oben:

Miniaturgarten

Nicht jeder hat den Platz und die Zeit, einen richtigen Gemüsegarten anzulegen; für diesen winzigen Garten jedoch ließe sich leicht ein Plätzchen finden – in seinem Rahmen sind Kübelpflanzen in einer dicken Schicht Rindenkompost arrangiert.

Links:

Shaker-Garten

Bereits im ersten Jahr war der Shaker-Garten wunderbar ergiebig; von der ersten Ernte an wartete er täglich mit frischem Gemüse auf. Zu Zeiten brachte er mehr als genug für die ganze Familie hervor, und Freunde nahmen hocherfreut Körbe voller Gemüse entgegen.

GESCHICHTE

„Fang alles an, als hättest du eintausend Jahre zu leben, und als wüsstest du doch, du müsstest morgen sterben."

MUTTER ANN LEE

MUTTER ANNS VISIONEN

Die Shaker-Bewegung nahm in Manchester in England ihren Ursprung. Man nimmt an, dass sie auf eine Gruppe französischer Propheten, die Camisards, zurückzuführen ist, die vor religiöser Verfolgung nach England flohen; ihre Anhänger wurden bald als „Shaking Quakers" (Bebende Zitterer) bezeichnet, da ekstatisches Zittern Teil ihres Gottesdienstes war. Im Jahre 1758 schloss sich eine leseunkundige 22-jährige Fabrikarbeiterin namens Ann Lee der Sekte an. Trotz ihrer fehlenden Bildung spielte sie aufgrund ihrer starken religiösen Überzeugung und ihres charismatischen Wesens bald eine wesentliche Rolle.

Links:
Shaker-Frauen
In der Shaker-Bewegung, die von Ann Lee gegründet wurde, waren Frauen von Beginn an gleichberechtigt – wenngleich die Geschlechter die meiste Zeit getrennt lebten und arbeiteten.

Im Jahr 1770, mit 34 Jahren, warf man sie wegen ihres Glaubens ins Gefängnis, wo ihr in einer Vision offenbart wurde, dass Fleischeslust die Ursache der meisten Übel in der Welt sei. Auslöser dieser Vision war aller Wahrscheinlichkeit nach der Verlust ihrer vier Kinder, bevor sie dreißig war. Aufgrund ihrer Offenbarung machte sie sich daran, eine neue Lebensweise zu predigen, bei der Mann und Frau nach Möglichkeit ein Leben in Keuschheit und Gleichberechtigung führten. Andere Sektenmitglieder folgten ihren Lehren, und schließlich wurde sie zum Oberhaupt erkoren. Ihr Ehemann war ganz und gar nicht glücklich über ihre neue Beziehung, doch als eine weitere Offenbarung ihr im Jahr 1774 befahl, nach Amerika zu segeln, schloss er sich ihr gemeinsam mit sieben weiteren Mitgliedern an. Während der ersten Jahre hatten sie enorme Schwierigkeiten zu überwinden und litten große

Links:
Wohngebäude
In jeder Siedlung gab es eine Anzahl Wohngebäude, in welchen die Brüder und Schwestern lebten – manchmal unter einem Dach, doch dann mit getrennten Eingängen und Treppen.

Rechts:
Design-Elemente
Sorgfältige Details waren das Wesen der Shaker-Philosophie – nichts war so klein, als dass seine Ausführung unwichtig gewesen wäre.

Not; nach kurzer Zeit wurde Ann Lee von ihrem Mann verlassen, da er ihr Zölibat und ihren Glauben an ihre Zukunft nicht teilen mochte.

Die ersten Gemeinden

Im Jahr 1776 kauften die Shaker, die sich inzwischen auch als „United Society of Believers in the First and Second Appearance of Christ" (Vereinigte Gesellschaft der Gläubigen an das Erste und Zweite Erscheinen Christi) bezeichneten, ihr erstes Stück Land bei Watervliet nahe Albany im Staate New York, doch auch hier verfolgte sie das Unglück. Ihr erstes Gemeinschaftshaus, das sie nach drei Jahren bauten, brannte nieder, und nach fünf Jahren gab es erst eine Handvoll Bekehrter. Im Frühjahr 1780 jedoch hatte eine religiöse Erweckung eine große Zahl Bekehrter zur Folge, und obwohl Mutter Ann 1784 starb, beschlossen die übrigen Shaker, ihre Lehren weiterzuführen. Zu dieser Zeit lebten sie noch in der „Welt", wie sie die Gesellschaft im Allgemeinen nannten, doch die von Mutter Ann bestimmten Nachfolger machten sich daran, Gemeinschaftssiedlungen zu gründen, in denen die Mitglieder alles gemeinsam besaßen. Nun entwickelten sie auch die Charakteristika, die wir gemeinhin mit den Shakern assoziieren, einschließlich des obligatorischen Zölibates.

Werdegang eines Shakers

Die Shaker waren an überstürzten Bekehrungen nicht interessiert, und so war eine Bindung nicht ein plötzliches Ereignis, sondern ein allmählicher Prozess. Um Shaker zu werden, musste der oder die Betreffende wenigstens 21 Jahre alt sein, die Einverständniserklärung des Ehegatten vorlegen können und von Schulden und Verpflichtungen unbelastet sein. Der Betreffende unterschrieb einen feierlichen Vertrag, in dem er seine persönliche Habe übereignete und die Regeln der Gemeinschaft anerkannte, darunter die Verpflichtung zur Arbeit zum gegenseitigen Nutzen und die Anerkennung der Autorität der „Gesellschaft".

In jeder Gemeinschaft lebten auch Menschen, die eine Mitgliedschaft in Erwägung zogen, und solche, die nur eine Unterkunft benötigten. Sie trugen zur Gemeinschaft bei, indem sie nützliche Fertigkeiten und Kenntnisse einbrachten und für ihren Unterhalt arbeiteten. Kinder waren ein wichtiger Teil jeder „Familie" – Kinder von Mitgliedern, die zur Welt gekommen waren, bevor ihre Eltern Shaker wurden, solche,

Links:
Versammlungshaus
Das Versammlungshaus war Dreh- und Angelpunkt des Shaker-Daseins; in ihm wurden Gottesdienste und Versammlungen abgehalten

Rechts:
Shaker-Details
Ein jedes Gebäude im Shaker-Dorf hatte eine festgelegte Funktion – ein Zeichen für den Ordnungssinn, der sämtliche Ebenen der Gemeinschaft beherrschte.

die von ihren Eltern überantwortet wurden, weil diese sie nicht ernähren konnten, und Waisen. Die Kinder gingen jedes Jahr vier Monate in die Schule – Mädchen im Sommer und Jungen im Winter.

Für Frauen muss das Shakerleben besonders attraktiv gewesen sein. Es befreite sie von den ständigen Schwangerschaften und verhalf ihnen zu Gleichberechtigung, dazu kamen ein komfortables Heim, Sicherheit und gute Nahrung. Trotz ihrer Gleichstellung verbrachten Männer und Frauen einen Großteil ihres Lebens getrennt. „Familienmitglieder" beiderlei Geschlechts lebten häufig unter einem Dach, betraten das Haus jedoch durch getrennte Eingänge, benutzten eigene Treppen und verbrachten außer bei Mahlzeiten, Gottesdiensten und beaufsichtigten Zusammenkünften nur wenig Zeit gemeinsam.

Zeit des Wohlstandes

New Lebanon war die erste der utopischen Siedlungen, welche die Shaker gründeten, und diente allen späteren als Vorbild. Auf ihrem Höhepunkt waren die Shaker die größte und erfolgreichste gemeinschaftliche Gesellschaft in Amerika. Zwischen 1787 und 1836 wurden in Neuengland, Ohio, Kentucky und Indiana 22 Shaker-Siedlungen gegründet, von denen jede mehrere Tausend Morgen Land ihr Eigen nannte. Jede Gemeinschaft bestand aus mehreren „Familien", die ihre eigenen Versammlungsgebäude, Wohngebäude und Nebengebäude errichteten und als unabhängige Selbstversorger lebten.

Nach den ersten schwierigen Jahren begann eine Zeit großen Wohlstandes für die Shaker. Ihr Leben war einfach, doch komfortabel, und als sich in der „Welt" die Kunde von der Qualität ihrer Handwerkskunst und ihrer landwirtschaftlichen Erzeugnisse verbreitete, wurden sie geschäftlich ausgesprochen erfolgreich, unter anderem mit dem Sammeln und Verarbeiten von Heilkräutern und der Zucht von Saatgut. In ihrer Hochzeit brachte das Samengeschäft den verschiedenen Gemeinschaften eine enorme Summe ein – allein im Jahr 1853 hatte New Lebanon durch Saatverkäufe ein Einkommen von 10.000 Dollar. *Das Gartenhandbuch*, 1836 zum ersten Mal veröffentlicht, war ein Nebenprodukt dieses Saatgeschäftes; es sollte den Verkauf der Shaker-Saat und gleichzeitig eine nachhaltige Bewirtschaftung unter den Gärtnern der „Welt" fördern. Die Werbung und der Vertrieb der Shaker für ihre eigenen Produkte war immer sehr gekonnt.

SHAKER-GÄRTEN

„Sie besitzen einen ausgedehnten Obstgarten, in dem sich viele Arten ausgezeichneter Früchte finden, große Heilkräuter- und Samengärten, die ausgezeichnet gepflegt sind. Diese Gärten sind sehr einträglich, da ihre Kräuter und Saaten überall gefragt sind und gekauft werden, denn man schätzt sie mehr als alle anderen. Sie sind äußerst sorgsam beim Trocknen und Verpacken ihrer Heilkräuter, und diese werden so hochgeschätzt, dass sie häufig große Bestellungen selbst aus Europa erhalten."

EIGENARTEN DER SHAKER, 1832

Jeder Shaker arbeitete seinen Fähigkeiten entsprechend. Glaubensschwestern verrichteten die häuslichen Arbeiten, melkten die Kühe, konservierten Früchte und Gemüse und sammelten Kräuter und Samen, um sie zu verarbeiten. Glaubensbrüder kümmerten sich um Feld und Garten. „Alte Mitbrüder" und solche, die an körperlichen oder geistigen Gebrechen litten, und Knaben, die für andere Arbeiten zu jung waren, wurden zur Hilfe im Garten herangezogen. Da sie bei ihrer Arbeit der ständigen Beaufsichtigung bedurften, waren die Obergärtner über diese Regelung nicht immer glücklich.

Die Shaker machten sorgfältige Aufzeichnungen über alles, was in ihren Gärten vor sich ging. In diesen Almanachen verzeichneten sie ihr geistiges wie auch ihr Arbeitsleben, und häufig zogen sie Vergleiche zwischen dem Zustand ihrer Seele und dem ihrer Gärten. Indem sie jährlich wiederkehrende Ereignisse registrierten (Phänologie), waren sie in der Lage, den besten Zeitpunkt für jede Auf-

Der wohlgeordnete Garten
Die Gärten waren lebensnotwendige Nahrungsquelle für die Shaker und daher im Hinblick auf höchste Produktivität und Effizienz angelegt; so war für alle eine gute Ernährung sichergestellt.

Hancock
Der Runde Stall im Shaker-Dorf Hancock war als Viehunterkunft mit nahezu perfekter Unterbringung konzipiert. Die Shaker respektierten alle Tiere, ohne jedoch gefühlsselig zu werden.

gabe zu bestimmen. So empfahlen sie zum Beispiel, den Mais zu pflanzen, wenn ein Eichblatt die Größe eines Eichhornohres habe. Ihr gärtnerischer Erfolg war gleichermaßen das Ergebnis langjähriger Bemühungen wie auch ihres religiösen Strebens nach Vollendung. Ihr Streben nach Perfektion war jedoch nicht in ästhetischen Gesichtspunkten begründet, wenn sie auch klare Vorstellungen davon hatten, wie etwas aussehen sollte. Im Mittelpunkt stand ihr Sinn für das Detail: *„Niemand soll unachtsam an kleinen Dingen vorübergehen, an einer Nadel, einem Korn usw., weil es ihn zu klein dünkt um es aufzuheben, denn tun wir ein Solches, so wird unser Himmlischer Vater uns zu klein dünken, um seinen Segen über uns auszuschütten."*

Die Tausendjährigen Gesetze

Essen und Trinken der Shaker

„Shaker" oder „Gläubige" genießen die Erzeugnisse der Natur, mit denen sie reichlich gesegnet sind, und erfreuen sich an allen Erquickungen und Annehmlichkeiten, welche die Früchte ihrer Arbeit ihnen gestatten. Sie leben nicht im Luxus, doch behaglich und frei von Sorge; nicht im Übermaß, doch in gutem Auskommen.

Der Shaker (1871)

Als nach den anfänglichen Einschränkungen die Shaker-Siedlungen zu florieren begannen, war die Ernährung der Gläubigen für die damalige Zeit ausgesprochen gesund. Obwohl es auch magere Jahre gab, genossen sie im Allgemeinen eine reichhaltige Versorgung mit Fleisch, frischem Obst, Gemüse und Milchprodukten. In den ersten Jahren war Alkohol ein alltägliches Getränk, vor allem Apfelwein und -branntwein; teils entsprach dies der Sitte der Zeit, teils jedoch lag es in der äußerst unzulänglichen Wasserversorgung begründet. Später untersagten *„Die Tausendjährigen Gesetze"* (1845) den Genuss „hochgeistiger Getränke" außer zu medizinischen Zwecken – Wein jedoch war anscheinend davon ausgenommen: *„Reine Weine berauschen nicht wie alkoholische Getränke; sie senken nicht die Moral, sondern pflegen die Moral der Gesellschaft regelrecht zu erheben und zu verbessern."*

Ein Handbuch zur Herstellung von Wein

Es scheint jedoch, dass diese Regel außer sonntags nicht streng durchgesetzt wurde, wenngleich es Berichte über das Fällen von Apfelbäumen gibt, um die Herstellung von Apfelwein zu unterbinden. Einige der Auflagen zur Ernährung scheinen heute

beinahe exzentrisch: Gurken waren vor dem Genuss unbedingt mit Salz oder Pfeffer zu würzen, und rohe Früchte und Nüsse waren nur zwischen dem Frühstück und sechs Uhr abends erlaubt.

Shaker-Dörfer
Manche Dörfer sind sorgfältig als Freilichtmuseen wiederhergestellt worden, in denen sich Besucher eingehender über das Leben der Shaker informieren können.

Wo sind die Shaker heute?

Heute befindet sich in Sabbathday Lake in Maine die letzte noch existierende Shaker-Siedlung, in der eine Hand voll Gläubige lebt und arbeitet. Andere Siedlungen, darunter Hancock in Massachusetts, Canterbury und Enfield in New Hampshire und South Union und Pleasant Hill in Kentucky sind heute Museumsdörfer, die von Schwärmern für die Lebensart der Shaker liebevoll restauriert und unterhalten werden.

In der Mitte des 19. Jahrhunderts begann die Zahl der Shaker allmählich abzunehmen. In dem Maße, da das Leben in der „Welt“ angenehmer wurde, ließen sich weniger Menschen bekehren, und jüngere Mitglieder scheuten die harte Arbeit, den Zölibat und die strikte Moral, denen sie das freiere Leben außerhalb der Gemeinschaft vorzogen. Mitgliedern, die sich ineinander verliebten, gab die Gemeinschaft ihren Segen, sofern sie sich offen zu ihrer Zuneigung bekannten; daraufhin entließ man sie mit Pferd und Wagen und einer Aussteuer als Startkapital in die „Welt“. Auf diese Weise gab es nur wenige Probleme mit unliebsamen Verbindungen.

Nach dem Bürgerkrieg wurden in der Hoffnung, neue Mitglieder gewinnen zu können, viele der Regeln gelockert. Blumengärten wurden erlaubt, und Musik und Lesen waren nicht länger verboten. Frauen wurden ermutigt, beizutreten und eine Gleichberechtigung zu genießen, die nirgendwo sonst zu erlangen war, woraus ein Ungleichgewicht der Geschlechter resultierte, das nie ausgeglichen wurde. Mit dem Rückgang der Einwohnerzahl in den Siedlungen schwand auch ihr Wohlstand, und die Gebäude begannen baufällig zu werden. Tyringham in Massachusetts war 1875 die erste Gemeinschaft, die sich vollständig auflöste. Im Jahr 1947 lebten nur noch fünfzig Gläubige in drei kleinen Familien in Neuengland.

Mutter Ann glaubte, dass die Shaker vor einer neuen Blüte stünden, wenn man die Zahl der Gläubigen an einer Kinderhand abzählen könne. Sollte dieses zutreffen, so wäre es denn die winzige Gemeinschaft von Sabbathday Lake, welche die Jahrtausend-Erweckung dieser bemerkenswerten utopischen Gesellschaft sähe.

„Man sagt, der Garten sei der Spiegel
der Seele des Gärtners. Entspricht dies der Wahrheit,
so offenbaren sich zwangsläufig viele, über die
unter anderen Umständen ein besseres Urteil
gefällt worden wäre, als Besitzer einer Seele,
die in puncto Ordnung, Nutzen und Schönheit
noch stark verbesserungsfähig ist.“

DAS GARTENHANDBUCH

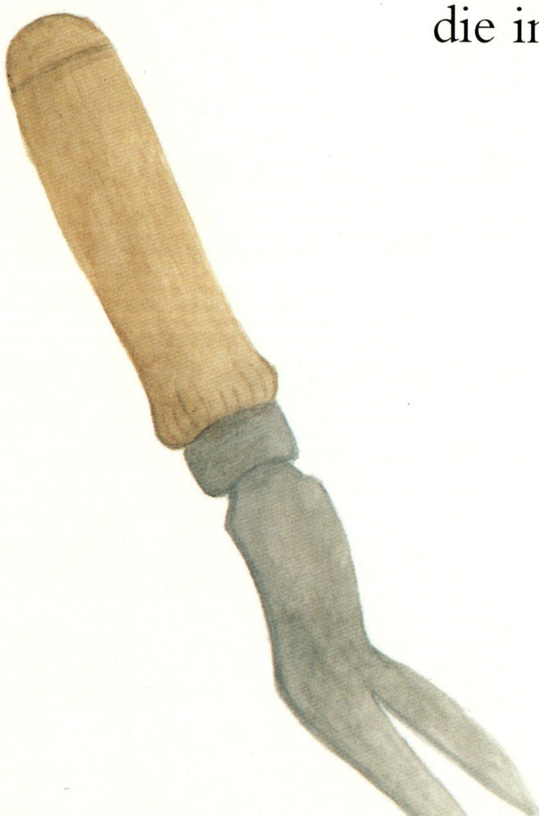

DIE VOR

BEREITUNGEN

„Bei der Wahl der Lage sollte einem ebenen Landstück, das sich leicht nach Süden oder Osten zu neigt und volle Sonne genießt, der Vorzug gegeben werden. Der Garten sollte nahe dem Wohnhaus gelegen und sauber eingezäunt sein."

DAS GARTENHANDBUCH

Als das *Gartenhandbuch* geschrieben wurde, ließ sich dieser Ratschlag leicht befolgen, da die meisten Gärtner Pioniere waren und jungfräuliches Land urbar machten. Heute beginnen nur wenige von uns mit einem leeren Landstück, das wir in unseren Traumgarten verwandeln können. Gärten sind kleiner und stärker eingeschlossen, und da wir uns inzwischen eher zum Vergnügen als aus Gründen des Überlebens in ihnen betätigen, ist eine günstige Lage eher ein Bonus denn eine Notwendigkeit. Es war für dieses Buch ein Glücksfall, dass ein Gartenstück für die Verwandlung in einen Shaker-Garten zur Verfügung stand, auf das die Beschreibung aus dem *Gartenhandbuch* zutraf. Es ist sanft nach Südosten geneigt und liegt nah beim Haus auf einem sonnigen, von einer Mauer umfriedeten Grundstück.

Wo immer sich ein Garten auch befinden mag, in dem *Gartenhandbuch* finden sich nützliche Ratschläge dafür. Trifft allerdings nicht wenigstens ein Teil der Kriterien auf zumindest einen Teil des Gartens zu, so kann man sich sehr viel Frustration und Enttäuschung ersparen, indem man die Tatsache akzeptiert, dass er für einen Shaker-Garten ungeeignet ist, und sich stattdessen realistischeren Gestaltungsplänen zuwendet. Doch sollte man sich nicht entmutigen lassen – selbst ein wenig versprechendes Landstück ist „in puncto Ordnung, Nutzen

Der unbepflanzte Garten

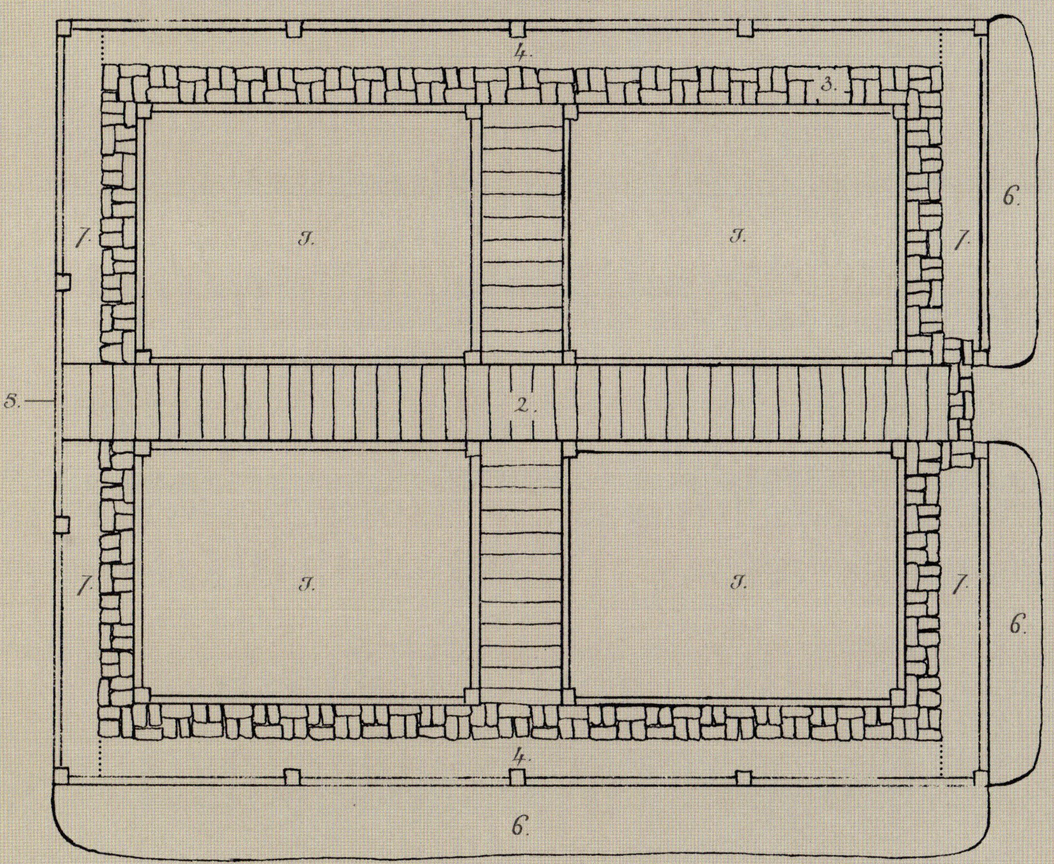

Gartenplan

1. Hochbeete – 2,40 x 1,80 m
2. Plankenwege – 60 cm breit
3. Ziegelwege – 30 cm breit
4. Schmaler Rand
5. Zaun – 7,30 x 5,50 m
6. Äußerer Rand
7. Rand – 60 cm breit

Unbepflanzter Garten
Das Gartenhandbuch beschrieb die ideale Lage und gab einen genauen Plan für den idealen Shaker-Garten.

und Schönheit noch stark verbesserungsfähig", und so finden sich auf diesen Seiten Ideen und Inspirationen für jeden Gartentyp.

Die Elemente des Shaker-Designs – Aufgeräumtheit, natürliche Materialien und satte (jedoch nicht grelle) Farben – lassen sich in jeden Garten einbringen. Gründliches Aufräumen ist ein guter Anfang – jetzt ist die Zeit für gnadenloses Handeln! Die alte Schubkarre, für die jede Hilfe zu spät kommt, gehört auf den Sperrmüll, das marode Rankgerüst, das den nächsten stärkeren Wind nicht überleben wird, reißt man besser sofort ab, den Berg an Plastiktöpfen spendet man einem guten Zweck und die vernachlässigten und zerbrochenen Gerätschaften, die sich im Gerätehaus angesammelt haben, werden entweder repariert oder weiter befördert. Gerümpel ist nichts Schönes oder Nützliches, und im Garten zieht es ebenso unerwünschte Aufmerksamkeit auf sich wie anderenorts.

Als Nächstes werfe man einen Blick auf die befestigten Flächen. Ein Ziegel- oder Kopfsteinweg passt sehr gut, doch ein unregelmäßiges Betonmosaik sollte vielleicht ersetzt oder überdeckt werden. Dieser Sache sollte man sich annehmen, bevor man seine Aufmerksamkeit der Bepflanzung widmet. Ob man die Arbeit selbst in Angriff nimmt oder sie professionell ausführen lässt, es handelt sich um eine aufwendige, störende Angelegenheit, und niemand sollte sich dabei um neu gepflanzte Schätze sorgen müssen. Dies ist auch der Zeitpunkt Lattenzäune zu errichten, Hochbeete anzulegen, das Gerätehaus zu streichen und einfach allgemeine Vorbereitungen zu treffen. Man denke immer daran: In einem Shaker-Garten ist das von ebenso großer Bedeutung wie die Bepflanzung.

Gegenüber:
Shaker-Ansicht
Die Pflege eines Blumengartens am Wohngebäude wäre in den frühen Siedlungen nicht geduldet worden, doch im Viktorianischen Zeitalter war diese Beschäftigung als gesunde Beschäftigung für Mädchen und Frauen angesehen.

Lattenzäune

Ursprünglich war ein Lattenzaun eine praktische Barriere, die Vieh und andere Tiere daran hinderte in den Garten einzudringen. Heute schützt er vor kleinen Kindern und Haustieren, doch ebenso sehr setzt er einen Bereich ab oder bringt einen Stimmungswechsel in den Garten. Der einfachste Lattenzaun besteht aus Pfosten mit Querbrettern, an die in gleichmäßigen Abständen gerade abgeschnittene Holzlatten genagelt sind. In Neuengland wie im übrigen Amerika wird hierfür Weißzedernholz benutzt, das in seiner Haltbarkeit unübertroffen ist. Stattdessen lässt sich jedoch auch kesseldruckimprägniertes Fichtenholz einsetzen. Der Lattenzaun um meinen Shaker-Garten besteht aus Fichte.

Gegenüber oben links:
Versammlungshaus
Ein Zaun mit „Kerzenlicht"-Lattenköpfen umgibt ein Versammlungshaus.

Oben rechts:
Wichtige Details
Der Zaun des Shaker-Gartens aus der Nähe.

Unten links:
„Kerzenlichter" im Detail
Dieses kunstvolle Design war einzig den Versammlungshäusern vorbehalten.

Unten rechts:
Zaunalternative
Rancherbohlenzäune umgrenzten die Felder.

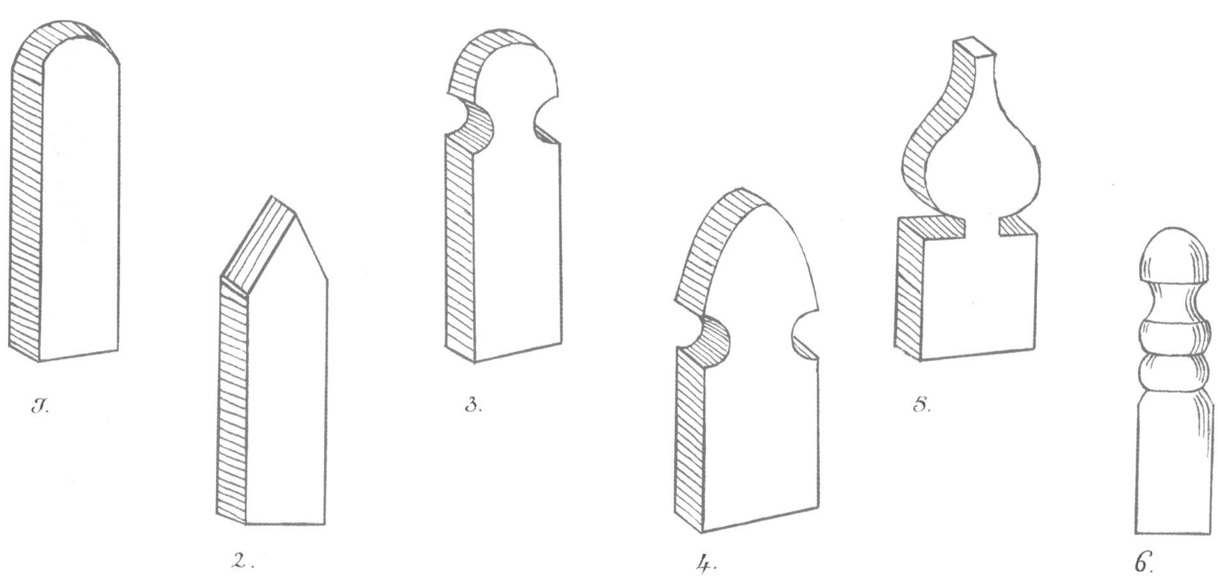

Links:
Lattenzäune

1. halbrunder Lattenkopf
2. zugespitzter Lattenkopf
3. Princess Anne-Lattenkopf
4. Queen-Anne-Lattenkopf
5. Zwiebelkopf-Latte
6. Cambridge-Spindel

Schon immer wurden in Shaker-Dörfern und auch in den Siedlungen der „Welt" unterschiedlich gestaltete Latten verwendet. Zum Beispiel gehen die Zäune um die Versammlungshäuser der Shaker-Siedlungen auf ein Vorbild in New Lebanon zurück. Die hölzernen Zaunsegmente werden von Granitpfosten oberhalb des Bodens gehalten und sind so vor Fäulnis geschützt. Daher sind in alten Siedlungen selbst die ursprünglichen Latten noch in gutem Zustand. Jeder Lattenkopf ist in der Form einer Kerzenflamme ausgebildet, Symbol für die spirituelle Erleuchtung, die im Versammlungshaus zu finden ist, wo sich die Shaker zum Gebet versammelten.

Die Shaker setzten im Allgemeinen Lattenzäune sparsam ein; als Viehgehege dienten häufig Bretterzäune. Auch Rancherbohlenzäune wurden errichtet – hauptsächlich, um große Areale wie Felder, auf denen Vieh gehalten wurde, und Pferdeweiden einzuzäunen; diese sind jedoch für einen Garten weniger geeignet, da sie ihn nur vor den allergrößten Dieben schützen.

Heutzutage verfügen wir meist nicht über die Fähigkeiten, die Zeit und die Ausrüstung, die nötig sind um einen Zaun selbst herzustellen, doch in den meisten Ländern halten Zaunfabrikanten Lattenzäune in vorgefertigten Abschnitten bereit. In Amerika, wo es eine lange Tradition solcher Zäune gibt, sind sie in einer Vielzahl überlieferter Formen erhältlich. Anderswo muss man sich eventuell mit einer geraden oder zugespitzten Lattenkopfausbildung begnügen, wenn man die Latten nicht extra anfertigen lassen will.

Es ist ratsam, sich bei dem Lieferanten nach den Abmessungen der Zaunsegmente zu erkundigen, bevor man den Grundriss seines Shaker-Gartens plant. Wer den Begrenzungszaun aufgrund dieser Abmessungen plant, spart Geld und Verschnitt. Pfosten sollten einen quadratischen Querschnitt von mindestens 10 cm Kantenlänge haben, und um den Zaun sicher zu verankern, sollten sie 45 cm tief entweder in Zement oder in verdichtetem Schotter oder Kies eingelassen sein. Ein Anstrich ist bei Zedern- oder behandeltem Fichtenholz nicht notwendig, doch mit einer der traditionellen Shaker-Farben lässt sich die Thematik des Gartens unterstreichen.

PFADE

„Peinlichste Sauberkeit kennzeichnet ihre Felder, Gärten, Höfe und sogar die Straßen; nicht ein Kraut, nicht ein Schmutzfleck, nicht die geringste Verunreinigung wird geduldet."

BENJAMIN SILLIMAN BEI EINEM BESUCH IN NEW LEBANON, 1819

Weg
Ein Plankenpfad führt unmittelbar an den Eingangsstufen eines Wohngebäudes entlang; so konnten sich die Shaker zwischen den Gebäuden bewegen, ohne an ihren Schuhen Schmutz ins Haus zu tragen.

Dem Ordnungssinn der Shaker entsprechend führte zu jedem Gebäude einer Siedlung ein sauberer, wasserbeständiger Pfad. Mit Naturmaterial aus der Umgebung setzte man Pflasterwege oder konstruierte Plankenpfade. In den Gärten wurden die Wege zwischen Kräuterbeeten, die vor allem während der Wintermonate seltener begangen wurden, mit Grassoden belegt und immer sauber beschnitten gehalten. Wie Benjamin Silliman während seines Besuches in New Lebanon feststellte, hinterließ das Shaker-Dorf einen überwältigenden Eindruck „peinlichster Sauberkeit".

Erst im ausgehenden 19. Jahrhundert, als Blumenbeete zugelassen waren, milderten Pflanzen die Strenge der unmittelbaren Umgebung der Bauten. Noch existierende Shaker-Dörfer sind inzwischen in ihre ursprüngliche schlichte Form zurückversetzt worden, bei welcher der Garten um das Haus aus einem einfachen Rasen mit schmucklosen Stein- oder Holzpfaden besteht. Es ist interessant, den jetzigen Zustand mit Archivfotos zu vergleichen, auf denen Pflanzen auf die Wege ranken und die Wände erklimmen.

Wenn Sie nicht zu den Minimalisten gehören, wird Ihr Shaker-Garten wahrscheinlich aus mehr als Gras und Pfaden bestehen. Wie bereits gesagt ist dies keine Übung in historischer Exaktheit, doch das passende Wegmaterial unterstützt die Gesamtwirkung des Gartens.

Heutzutage sind Natursteinplatten sehr teuer, und obgleich manche Kopien den Eindruck von Spaltstein erwecken, verraten sie sich doch durch ihr Gleichmaß, auch altern sie anders als echter Stein. Ich habe stattdessen für einige der schmaleren Wege in meinem Shaker-Garten Ziegel verwendet, die einfach auf ebenem Boden in Blockverbund verlegt sind. Zur Zeit der frühen Shaker waren Ziegel handgemacht und zu wertvoll, um hierfür verwendet zu werden, während Stein leicht verfügbar war.

Um zu verhindern, dass sich ständig Unkraut im Ziegelpfad ansiedelt, bedeckt man eine Mulchfolie mit einer 5 cm dicken Schicht scharfen Sandes, in den man die Ziegel klopft. Einjährige Kräuter, die sich in den Fugen einsamen, lassen sich leicht entfernen. Die Hauptwege in meinem Garten bestehen aus Holzplanken, die oberhalb des Bodenniveaus auf Bohlen befestigt sind. Auch hier ist es sinnvoll, Unkraut mit Hilfe einer Folie zu unterdrücken. Man kann auch dicke Schichten Zeitungspapier zwischen die Bohlen legen, wo es von den Planken verdeckt wird; dies ist ebenso effektiv. Verwenden Sie auf jeden Fall galvanisierte, rostfreie Nägel. Bevor man das Holz für die Pfade bestellt, sollte man sich nach den Standardlängen und -stärken erkundigen, die der Händler bereithält, da diese am wirtschaftlichsten sind. Zeichnet man einen akkuraten Plan der Wege, so kann man eventuell das Holz bereits fertig zugeschnitten beziehen, wodurch sich sehr viel Arbeit einsparen lässt.

Links:

Ziegelweg

*Ein einfacher gepflas-
terter Pfad lässt sich
mit Ziegeln im Block-
verband im Sandbett
anlegen.*

Unten:

**Steinpflaster
in Hancock**

*Wo Stein zur Verfü-
gung stand, wurden
die Wege haltbar
gepflastert; sie bestehen
bis zum heutigen Tag.*

Oben:

**Langer Holzweg
in Hancock**

*Holz stand häufiger
zur Verfügung und war
leichter zu verarbeiten
als Stein; daher war es
in den Shaker-Dörfern
das überwiegend ein-
gesetzte Wegmaterial.*

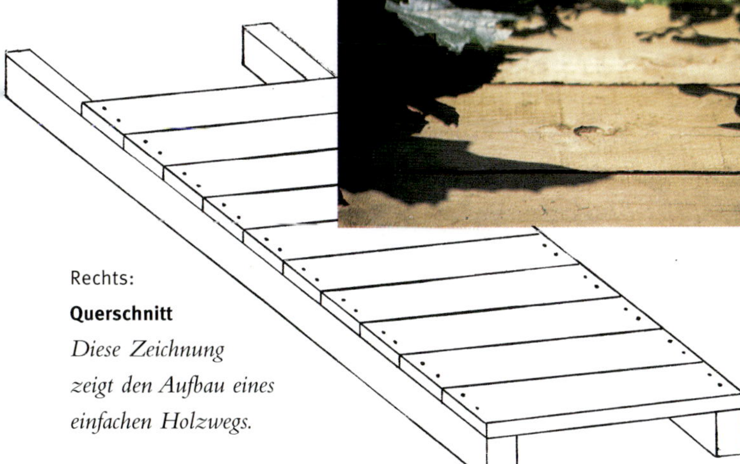

Rechts:

Querschnitt

*Diese Zeichnung
zeigt den Aufbau eines
einfachen Holzwegs.*

Hochbeete

„Der Garten wird in lauter Beete oder Parzellen aufgeteilt, die in Größe und Breite der jeweiligen Gemüsesorte und -menge entsprechen."

Das Gartenhandbuch

Mit Hilfe von Pflügen, die anfangs von Pferden, Ochsen oder sogar Glaubensbrüdern gezogen wurden und später motorgetrieben waren, warfen die Shaker in ihren Gärten erhöhte Beete auf; diese sind auch in einem kleinen Garten sinnvoll. Den Hauptnutzen der Hochbeete sahen die Shaker in der verbesserten Dränage, da die Vertiefungen oder Gräben zwischen den Beeten bei feuchter Witterung überschüssiges Wasser abführten. An anderer Stelle setzten sie ihre Pflanzen in erhöhte Reihen oder Pflanzhügel, die beide Abwandlungen des Hochbeetes sind.

Der Biogärtner von heute bevorzugt das Hochbeet nicht nur wegen seines verbesserten Wasserabzugs, sondern auch, weil es den Garten in kleinere, leichter zu bearbeitende Abschnitte unterteilt, die sich mit einem Minimum an Bodenverdichtung bestellen lassen. Ist ein Beet erst einmal umgegraben, lässt sich die übrige Arbeit meist vom Rand aus erledigen. In meinem Shaker-Garten habe ich eine stabile Planke griffbereit, die ich auf die Ränder des Hochbeetes lege, um von diesem Laufbrett aus mitten im Beet ohne irgendwelchen Bodenkontakt arbeiten zu können.

Hochbeet
Hochbeete sorgen dafür, dass Füße auf den Wegen und Pflanzen in den Beeten bleiben, indem sie beide Bereiche deutlich voneinander abgrenzen.

In seiner einfachsten Form besteht ein Hochbeet aus einem auf die Erde gelegten rechteckigen Holzrahmen oder aus einer Umrandung aus Eisenbahnschwellen. Das Beet hat zunächst dasselbe Niveau wie der übrige Boden, doch mit der Zeit, da Kompost und Mist hinzugefügt werden, erhöht sich seine Bodenhöhe. Legt man seine Hochbeete auf diese Weise an, muss man ganz sicher sein, dass das Umfeld frei von hartnäckigen Unkräutern wie Winden und Giersch ist, denn sonst wuchern diese ständig hinein.

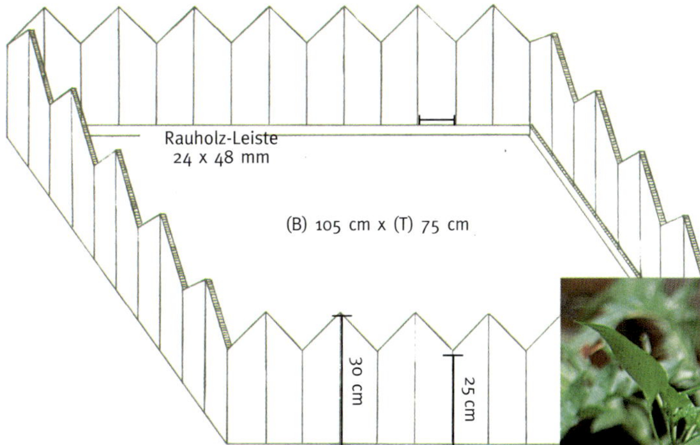

Links:

Zeichnung der Miniaturumzäunung

Mit diesem einfachen Rahmen lässt sich ein winziger Shaker-Garten auf einer Terrasse oder einem Balkon anlegen.

Unten:

Miniaturgarten

Selbst ein so kleines Gärtchen kann erstaunlich ertragreich sein, wenn es sorgsam gepflegt wird.

Da der Shaker-Garten, der in diesem Buch vorgestellt wird, ein sanftes Gefälle hat, ließen sich die Rahmen nicht einfach auf den Boden legen. Dies hätte mit schrägen Hochbeeten und senkrecht abgestuften Latten äußerst seltsam gewirkt. Für die Hochbeete wurden daher jeweils vier Eckpfosten in den Boden geschlagen, an die dann für die Seiten waagerechte Planken genagelt wurden. Auch hier wurden galvanisierte Nägel verwendet. Um gleich hohe Beete zu erhalten, war es bei den zwei Beeten im etwas stärker abfallenden Gartenbereich notwendig, die Seiten und das tiefer gelegene Ende durch eine zweite Plankenreihe zu ergänzen.

Ein Shaker-Garten en miniature

Für diejenigen, deren Garten nicht groß genug ist um dauerhafte Hochbeete anzulegen, findet sich die Lösung in einem Miniaturgarten. Ich habe einen solchen in dem von einer Mauer umgebenen gepflasterten Hof bei meiner Küche angelegt. Der kleine Zaun war eine fertige Beeteinfassung, die ich auf eine 75 x 105 cm große Versteifung aus Leisten nagelte. (Wer über die entsprechenden Fähigkeiten und die Ausrüstung verfügt, kann den Rahmen natürlich ganz selbst bauen.)

Der Zaun wurde dunkelrot gestrichen und zu drei Vierteln mit feiner kompostierter Rinde gefüllt. Jede Pflanze wurde mitsamt ihrem Topf in dem Mulch versenkt. Wie alle Topfpflanzen benötigten auch diese regelmäßige Dünger- und Wassergaben, und bei so viel Aufmerksamkeit erwies sich der Miniaturgarten als überraschend ertragreich. War eine Pflanze über ihren produktivsten Punkt hinaus, ließ sie sich leicht herausnehmen und durch eine neue vorgezogene Pflanze ersetzen. Im Laufe des Sommers pflückte ich Buschbohnen, Paprika, Tomaten und roten Mangold und konnte mich außerdem an winzigen frühen Sonnenblumen erfreuen. Der Zuckermais war die einzige Pflanze, die sich als nicht allzu erfolgreich entpuppte. Wie der Garten, so waren auch die Maiskolben definitiv Miniaturausgaben!

Oben:

Stützen in Canterbury

Stabile Stützen sind für sehr ertragreiche Pflanzen wie Tomaten oder Bohnen unentbehrlich.

Rechts:

Bohnenstange

Die der Kletterbohne innewohnende Schönheit offenbart sich in der Spirale, die dieser junge Spross um die rustikale Bohnenstange geschlungen hat. Ohne eine kräftige Stütze ist die Pflanze anfälliger für Verletzungen und somit weniger ertragreich.

Pflanzenstützen

Im Shaker-Garten herrschte „gute Ordnung", und wo immer nötig, spielten Pflanzenstützen dabei eine Rolle. Gerade, rustikale Stangen aus den umliegenden Wäldern kamen als Bohnenstangen und als Stützrahmen für reiche Frucht tragende Tomatenpflanzen zum Einsatz, und Erbsen rankten an Reisern empor.

Links:
Bohnenstangen
Frisch geschnittene Bohnenstangen warten am Zaun auf ihren Einsatz.

Mitte:
Pflanzenstützen
Diese Art der Stütze lässt sich für Tomaten und für Himbeeren einsetzen.

Rechts:
Reisig und Schnur
Erbsenreiser sind unübertroffene Helfer im Gemüsegarten.

Bis vor gar nicht langer Zeit fanden solche rustikalen Pflanzenstützen oder auch Bambusrohre in jedem Garten Verwendung, doch seit der Produktion von Plastik und anderen neuartigen Werkstoffen wurden sie immer weniger benutzt und schwieriger erhältlich, verfügte man nicht selbst über Zugang zu Holz und Gesträuch. Dies ist sehr bedauerlich, da den natürlichen Materialien eine Schönheit innewohnt, die dem Plastik einfach fehlt. Als ich mit der Arbeit an meinem Shaker-Garten begann, hatte ich Schwierigkeiten eine Quelle für stabile Stangen und Erbsenreiser zu lokalisieren, bis ich schließlich den Mann ansprach, der mein Feuerholz liefert. Und da er ein Waldstück verwaltet, war er tatsächlich in der Lage, mich mit wunderbar festen Stangen und ganzen Armen voller Erbsenreiser zu versorgen. Wer in einer Gegend ohne ländliches Umfeld lebt, stellt vielleicht fest, dass diesen Dingen nur schwer beizukommen ist; bei dem neu erwachten Interesse und der neuen Wertschätzung rustikaler Materialien sind sie manchmal auf den Blumen- und Pflanzenschauen erhältlich, die zeitig im Jahr abgehalten werden. Wenn nicht, muss man sich der Hilfe eines Freundes auf dem Lande versichern. Hat man endlich Bohnenstangen, so ist man für einige Jahre versorgt, besonders dann, wenn man sie geschützt überwintert.

Überzählige Bohnenstangen lassen sich, im Kreis aufgestellt, oben zu einem Gerüst für eine Kletterrose oder für Wicken zusammenbinden; halbiert sind sie stabile Stützen für Tomatenpflanzen. Erbsenreiser finden im Garten vielfältigen Einsatz. Deckt man sie lose über frische Saat oder neu ausgepflanzte Sämlinge, so schützen sie diese vor Vögeln und vor Katzen, die gerne auf dem frisch geharkten Boden sonnenbaden (oder Schlimmeres tun!). Kurze Reiser lassen sich beiderseits von Sommerblumenreihen wie Kornblumen und Tagetes, die leicht umfallen, in den Boden stecken. Die Zweige geben ihnen Halt, sodass sie aufrecht stehen bleiben.

GEFÄSSE

Betrachtet man Archivfotos, so finden sich kaum Hinweise darauf, dass im Shaker-Garten Pflanzgefäße zum Einsatz kamen. Höchstwahrscheinlich hätten sie als zu schmückend und arbeitsintensiv gegolten, um zur Lebensart des Shakers zu passen. Heute sind sie in den meisten Gärten ein wichtiges Gestaltungselement, und sie auszuschließen hieße die Brauchbarkeit dieses Buches für viele Leser einzuschränken.

Oben:
Milchkannen
Nicht mehr gebräuchliche Gebrauchsgegenstände wie diese alten Milchkannen geben ansprechende Behältnisse für den Shaker-Garten ab. Man könnte sie für Pflanzen benutzen oder – besser noch – als Behälter für Wasser oder selbst angesetzte Düngerjauche, oder sogar als wasserdichte Unterbringung für Kleingeräte, Schnur, Samentüten usw.

Rechts:
Holzkistchen und Töpfe
Wettergegerbte Terrakotta-Töpfe sind weitaus attraktiver als neue – bewahrt man neue Töpfe im Freien auf, so erhalten sie nach und nach eine ähnliche Patina.

Unten:
Unterschiedliche Gefäße
Eine Auswahl an Behältern aus galvanisiertem Metall und Email, die in jedem Shaker-Garten einen Platz fänden.

Wieder einmal lautet das Motto Schlichtheit. Topfgruppen entsprechen nicht der Shaker-Art, doch mit Bedacht platzierte einzelne Behälter, die nicht nur dekorativ sind, sondern auch einen praktischen Zweck erfüllen, lassen sich gut einfügen. Wo beschränkte Platzverhältnisse herrschen, lässt sich z.B. ein halbes Fass mit einer Zucchini bepflanzen. Eine gut gedeihende Zucchini kann in einem Hochbeet ihre Nachbarn regelrecht erdrücken – dies geschah jedenfalls in meinem Shaker-Garten, wo roter Salbei, Basilikum und Auberginen nacheinander unter ihrer rücksichtslos wuchernden Nachbarin verschwanden und ich sie retten musste, indem ich einen Teil der Blätter entfernte. Jede wuchernde Pflanze lässt sich in einem Gefäß gut unter Kontrolle halten – man denke nur an Minze und Zitronenmelisse. Auch Erdbeeren sind in einem halben Fass praktisch und attraktiv untergebracht, in dem sie sich außerdem mit einem Netz leicht vor diebischen Vögeln schützen lassen.

Die Wahl des Behälters ist wichtig. Er sollte aus einem Material bestehen, das sich gut in den Garten einfügt – naturbelassenes oder in Shaker-Farben lasiertes oder gestrichenes Holz harmonisiert ebenso wie alte Terrakottatöpfe oder ein lackiertes oder galvanisiertes Zinkgefäß. In kälterem Klima, wo viele Pflanzen den Winter über geschützt untergestellt werden müssen, ist es sinnvoll, sie in Kunststoffbehältern zu belassen, die im Garten in ansehnlichere Gefäße eingesetzt werden. Vor dem Winter kann man so die Pflanzen hereinbringen und die Gefäße an Ort und Stelle belassen oder aber bis zum Frühjahr einstellen.

Bau der hölzernen Saatkisten

Material und Werkzeug

Wer vorhat, eine größere Anzahl solcher Kisten herzustellen, kann seinen Holzhändler bitten, die Latten zuzuschneiden. Für eine Saatkiste benötigt man:

2 Seitenteile – 38 x 5 x 1 cm

2 Enden – 22 x 5 x 1 cm

2 Bodenteile – 38 x 12 x 1 cm

galvanisierte Stifte – 25 mm

Pinsel und Holzschutzlasur auf Wasserbasis (eventuell farbig)

Fuchsschwanz (falls nicht zugeschnitten gekauft wird)

Hammer

Montage

1. Die Enden zwischen die Seitenteile setzen und mit jeweils zwei Stiften an den Ecken zum Rechteck zusammenfügen.

2. Die zwei Bodenteile auf das Rechteck legen und an den Enden mit jeweils zwei Stiften festnageln.

3. Die fertige Saatkiste zweimal mit Holzschutzlasur behandeln.

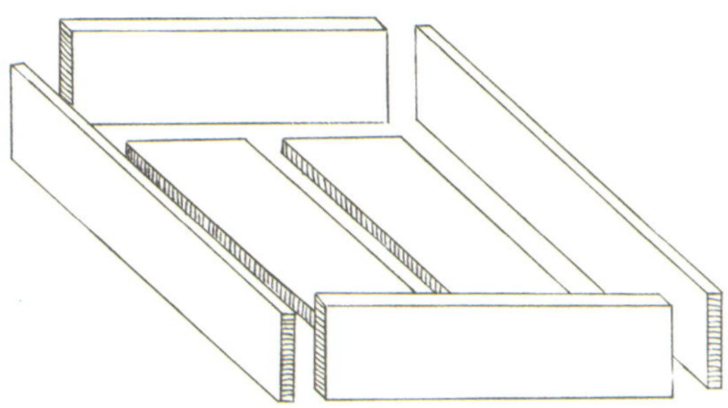

(H) 5 x (B) 22 x (T) 38 cm

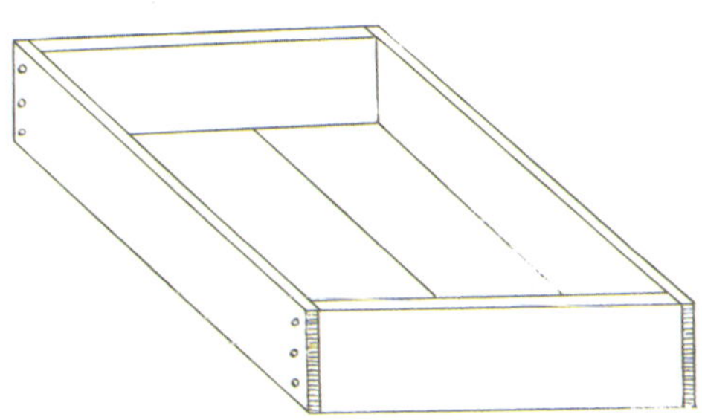

Oben:
Hölzerne Saatkisten
Ganz im Gegensatz zu Saatschalen aus Plastik sind hölzerne Kistchen attraktive Gegenstände; werden sie zu Beginn des Winters gereinigt und eingeräumt; so halten sie jahrelang.

Hölzerne Saatkisten

Seit es Plastik gibt, werden hölzerne Saatkisten nur noch wenig benutzt. Plastikschalen sind leichter, billiger und einfacher zu reinigen, doch ihrem enormen praktischen Nutzen steht leider das Fehlen jeglicher Schönheit gegenüber. Die Shaker hätten eine solche Neuerung gewiss nicht verworfen, sondern sie höchstens verfeinert, und häufig sind Plastikschalen genau das Richtige. Dennoch sind ein paar hölzerne Saatkisten im Shaker-Garten immer zu gebrauchen. Man kann sie als Tablett für unstabile Plastikschalen verwenden oder in ihrem Rahmen eine Anzahl Topfpflanzen arrangieren.

Das Gerätehaus

Da ein Großteil der täglichen Aktivitäten der Shaker sich um Gemüse- und Ackerbau drehte, fanden sich in ihren Siedlungen viele dabei hilfreiche Gebäude. Außer Scheunen und Nebengebäuden, in denen sorgfältigst gepflegte Werkzeuge, Maschinen und Geräte untergebracht waren, gab es Hütten, in denen Kräuter getrocknet, sortiert und abgepackt wurden, Räume, in denen Kräuter zu Pillen, Tinkturen und Patentmedizin verarbeitet wurden, und wiederum andere Einrichtungen, die dem Trocknen, Reinigen und Verpacken von Saatgut dienten; dazu fanden sich Vorratsspeicher für Obst und Gemüse. Ein jedes Teil hatte seinen ganz bestimmten Platz, und die Disziplin und Ordnung der Gemeinden ging so weit, dass ein jeder immer mit Sicherheit wusste, wo ein bestimmter Gegenstand zu finden sei.

Oben:
Schuppen
Ein Arbeitsplatz lässt sich viel einfacher in Ordnung halten, wenn man über genügend Behältnisse, Kästen und Körbe verfügt, um unterschiedliche Dinge getrennt aufzubewahren. So entsteht weniger Durcheinander.

Gegenüber, oben links:
Schuppen
In einem hölzernen Fass in der Ecke sind große Geräte ordentlich und griffbereit aufbewahrt.

Oben rechts:
Schuppen
Handfeger und Kehrblech gleich neben der Tür fördern den Hang zur Sauberkeit.

Für die meisten von uns muss ein einziges Gerätehaus im Shaker-Garten genügen – und da uns die äußere Disziplin und die moralische Autorität fehlen, die alle Aspekte des Shaker-Lebens regierten, genießt Ordnung nicht immer die ihr gebührende Priorität. Mich persönlich treibt es nur sporadisch zur Ordnung, doch wenn ich die Aufgabe erst hinter mich gebracht habe, freue ich mich und profitiere von der Anstrengung. Im Laufe des Jahres, da ich mit dem Shaker-Garten beschäftigt war, habe ich mich sehr bemüht, nicht nur im Garten, sondern auch hinter den Kulissen für Ordnung zu sorgen. Dabei habe ich immer wieder festgestellt, dass jede Arbeit leichter getan ist, wenn alles Benötigte in greifbarer Nähe und intakt ist.

Man gönne seinem Gerätehaus einen langen, prüfenden Blick. Verschwindet der Boden unter einem Gewirr von Gerätschaften, Schnüren, Kisten und möglicherweise nützlichen Dingen? Ist der Arbeitstisch aufgeräumt oder mit leeren Samentüten, alten Pflanzensteckern, Töpfen voller ausgetrockneter Erde und zerschlissenen Handschuhen übersät? An einem sonnigen Tag trägt man alles nach draußen. Regale und Tisch werden abgebürstet, das Gerätehaus ausgefegt, das Fenster geputzt. Staub und Spinnweben halten sehr viel Licht ab; man findet sich schlechter zurecht, und Sämlinge und Pflanzen auf dem Tisch werden in ihrem Wachstum beeinträchtigt.

Ist das Gerätehaus sauber und leer, kann man daran gehen zu überlegen, wie alles so unterzubringen ist, dass die Ordnung möglichst lange erhalten bleibt. Es hat keinen Sinn, etwas in die hinterste Ecke zu stellen, was man ständig benutzt – gibt man ihm jedoch einen schnell erreichbaren Platz, ist die Wahrscheinlichkeit viel größer, dass es dorthin zurückgestellt wird. Steht

Rechts:
Schuppen in Hancock
Arbeitsgebäude in den Shaker-Dörfern waren traditionell in dunklen Farben gehalten. Dieser Schuppen im Kräutergarten des Shaker-Dorfes Hancock ist tiefrot gestrichen – er würde sich auch in einem modernen Shaker-Garten gut machen.

freie Wandfläche zur Verfügung, so hängt man seine Geräte auf. Umfährt man ein jedes mit einem wasserfesten Stift, erkennt jeder auf den ersten Blick, wohin es gehört. An Haken über dem Arbeitstisch kommen Plastik- und Metalltrichter und in diese wiederum Schnurknäuel, deren Enden man durch die Tüllen führt. An der Wand daneben wird an einer Kette eine Schere befestigt. (Hierfür ist Schnur ungeeignet – jemand wird sie durchschneiden, und die Schere geht auf Wanderschaft.)

Ein Hänge- oder Drahtkorb, der neben der Tür von der Decke hängt, ist ein guter Platz für die Gartenhandschuhe. Hier sind sie griffbereit, und die frische Luft verhindert, dass sie schimmeln. Blumenerde, Dünger usw. werden in Mülleimer mit Deckel umgefüllt, die unter dem Arbeitstisch oder draußen neben der Tür ihren Platz finden; in kleinere Behälter gibt man scharfen Sand, Kies usw. Das Gerätehaus wird ohne Plastiksäcke, die bei jedem Gebrauch ihren Inhalt in der Gegend verstreuen, viel sauberer bleiben. Saatgut ist in einem verschlossenen, möglichst luftdichten Behältnis gut aufbewahrt; am Ende der Saison wird alles aussortiert, was abgelaufen ist. Das Gerätehaus ist der Maschinenraum des Gartens; ist er in Schuss, so lässt sich auch der Garten umso leichter in Schuss halten.

Samentüten

„Die folgenden Saaten sind mit besonderer Sorgfalt ausgewählt; es handelt sich um die besten Varianten der unterschiedlichen Sorten, deren Vorzüge unübersehbar sind. Sie stehen pfundweise zu äußerst günstigen Preisen zum Verkauf, auf Wunsch des Kunden jedoch auch in Papierchen."

Samenkatalog der United Society of Shakers von Mount Lebanon, Columbia County, New York

Vor der Einführung der Samentüte durch die Shaker wurde Saatgut pfundweise verkauft – gut für die Farmer, aber zu teuer und verschwenderisch für den Hausgärtner, der nur seine Familie mit Gemüse versorgen wollte. Die Shaker revolutionierten den Samenverkauf, als sie ihr Saatgut in „Papierchen" abpackten und so die Reinheit und Frische ihrer Produkte garantierten. Anfangs waren die Samentütchen unauffällig aus schlichtem Papier gefertigt, doch später, als die Shaker mit anderen Samenlieferanten aus der „Welt" konkurrierten, wurden ihre Päckchen bunt und dekorativ.

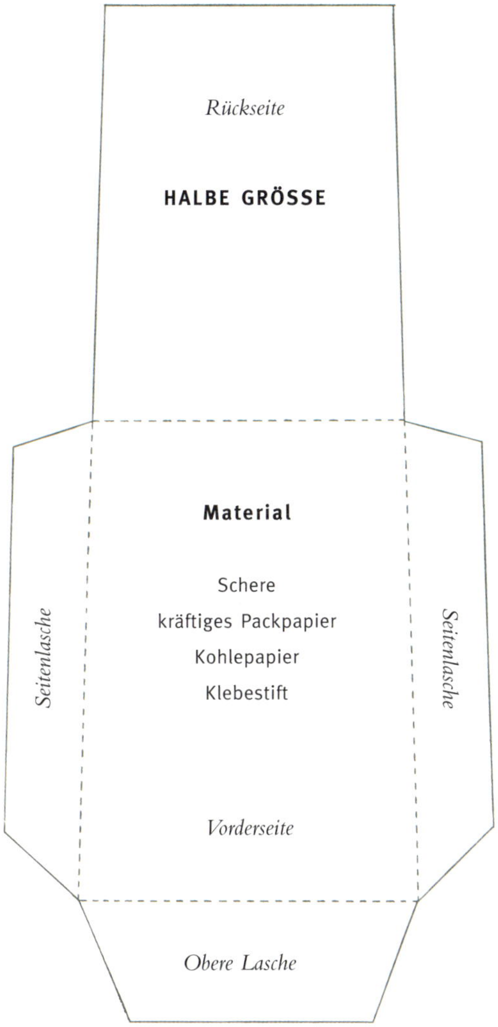

Selbst hergestellte Samentüten

Diese einfachen Samentütchen erinnern an frühe Shaker-Verpackungen.

Vorgehen

1. Das Muster für die Tüte links auf doppelte Größe kopieren und auf das Packpapier übertragen.

2. So viele Samentüten wie nötig ausschneiden.

3. Den Zuschnitt entlang der gestrichelten Linie zwischen Vorder- und Rückseite falten.

4. Die Seitenlaschen über die Rückseite falten und festkleben.

5. Die obere Lasche herunterfalten.

6. Ist das Tütchen mit Samen gefüllt, lässt sich die Lasche entweder einstecken oder zukleben.

Gegenüber:
Verpackung der Shaker
Die Qualität der Shaker-Saat war berühmt, und ihre charakteristische Verpackung war ein Erkennungsmerkmal – bevor die Shaker kamen, wurde Saatgut grundsätzlich lose verkauft.

Unten links:
Samentüten
Vielleicht tragen selbstgemachte Samentüten nicht so hübsche Bildchen wie gekaufte, doch sie tragen ebenfalls keine teuren Preisschildchen!

Mitte:
Saatgutspeicher
Bevor der Gärtner leichten Zugang zu Samentüten hatte, bewahrte er manchmal sein Saatgut in kleinen, ineinandergreifenden Holzbehältern auf.

Unten rechts:
Samen
Wer selbst Samen sammelt, sollte sie im darauffolgenden Jahr aussäen – bei manchen Samen bleibt die Keimfähigkeit nur ein oder zwei Jahre erhalten, vor allem dann, wenn sie nicht, wie die kommerziellen Sorten, luftdicht versiegelt sind.

Rechts:

Gartenzubehör

Zwar sind all diese Dinge wirklich schön, doch in erster Linie sind sie zweckdienlich und somit passend für den Shaker-Garten.

ZUBEHÖR

Der Grundgedanke des Zubehörs fügt sich nicht ganz unproblematisch in die Shaker-Philosophie, da es einen überflüssigen Zierwert darstellt. Behält man jedoch bei der Wahl von Zubehör für seinen modernen Shaker-Garten den Ausdruck „Schönheit und Nutzen" im Gedächtnis, so wird man nicht gegen die Shaker-Grundregeln verstoßen. Anders ausgedrückt: Nützliche Dinge im Garten sollten schön sein und schöne Dinge von Nutzen.

Unten:

Schubkarre

Echte, von den Shakern hergestellte Gegenstände wie diese Schubkarre sind viel zu wertvoll um für Gartenarbeit benutzt zu werden; gut gearbeitete, leichte, moderne Gegenstücke sind jedoch erhältlich.

Ich habe festgestellt, dass ich nur wenig Zubehör in meinem Shaker-Garten benötigte, doch was ich schließlich hinzufügte, war mit Bedacht gewählt. Die Pflanzenglocken aus Bambus waren perfekt für die Erdbeeren – sie lassen die Luft frei um die Früchte zirkulieren, halten jedoch diebische Vögel von den Beeren fern. In Anbetracht der Korbmacherkünste der Shaker sind die Glocken ganz und gar passend, wenn meine ihren Ursprung auch in China hatten.

Anstelle der üblichen Regentonne stellte ich einen alten Waschzuber auf. In solchen Behältern aus Zink wurde vor der Zeit der Waschmaschine die Wäsche gewaschen. Der Zuber steht am Ende eines Weges und wird mit dem Gartenschlauch aufgefüllt, wenn gründlich gewässert wird; für eine kleine Wassergabe zwischendurch, das Angießen junger Pflänzchen und das Gießen neuer Saat schöpfe ich direkt daraus.

Die Shaker waren begeisterte Bienenzüchter, und ich hätte zu gern einen Bienenstock im Garten gehabt, doch ich verfüge weder über die nötigen Kenntnisse noch über den nötigen Mut, um ein Bienenvolk zu pflegen. Davon abgesehen ist der Garten wirklich zu klein, als dass wir friedlich nebeneinander existieren könnten, und so begnügte ich mich mit einem kleinen Gartenspeicher in Form eines traditionellen Bienenstocks. Mein Gerätehaus steht in einem anderen Gartenteil, und so hat sich dieser kleine Lagerraum bereits als sehr nützlich erwiesen. Ich bewahre darin eine regenfeste Jacke gegen einen plötzlichen Guss auf, ein Paar Schuhe zum Wechseln, einen Hut und Sonnenschutzmittel für heiße Tage, und bringe in ihm kleine Geräte und Gartenhandschuhe unter und Saatgut zum Nachlegen. Der „Bienenstock" passt wunderbar in den Shaker-Garten und hat seine Nützlichkeit schon mehr als genug unter Beweis gestellt.

Obere Reihe:

Gute Ordnung

Öffnet man den Bienenstock im Shaker-Garten, so verrät er seine wahre Funktion: In diesem winzigen Gartenhäuschen sind Gummistiefel, ein Strohhut und Schnur untergebracht. – In den Körben im Schuppen lässt sich einiges verstauen.

Mittlere Reihe:

Hakenleisten

Betrachtet man die Reihen von Strohhüten und Gießkannen, die im Shaker-Dorf Hancock an den Hakenleisten hängen, so sieht man fast die Gärtner vor sich, von denen ein jeder auf dem allmorgendlichen Weg in den Garten seinen Hut aufsetzt und nach seiner Kanne greift. – Viele Shaker-Körbe waren mit Henkeln zum Aufhängen gearbeitet.

Untere Reihe:

Shaker-Design

Was immer die Shaker in ihren Dörfern benutzten – vom Karren bis zum Sieb – wurde in ihren Werkstätten nach dem Prinzip „Schönheit durch Nutzen" entworfen und hergestellt.

Nistkästen

Die Shaker respektierten jegliches Leben; Sentimentalität jedoch hatte wenig Platz in ihrem Leben. Sie wurden angewiesen, dass „kein Tier, Vogel oder Fisch einzig aus Gründen der Zurschaustellung oder der Liebhaberei“ gehalten werden dürfe. Nützliche freilebende Vögel wären jedoch gewiss als Bestäuber und Insektenfresser in ihrem Garten willkommen gewesen.

Heute wissen wir, wie wichtig es ist, diesen Vögeln eine Zuflucht zu bieten, denn inzwischen sind unsere Gärten für sie oft ein geeigneterer Lebensraum als ein Großteil ihrer Vorkommensgebiete in freier Wildbahn. Nistkästen im Shaker-Garten sollten eine für die Siedlungen typische Architektur und Materialien widerspiegeln, und der Shaker-Philosophie der nützlichen Schönheit entsprechend sollten sie nicht als rein dekorative Elemente angesehen, sondern dort aufgestellt werden, wo Aussicht besteht, dass die Vögel sie annehmen.

Rechts:
Nistkasten
Dieses aus einer alten Flaschenkiste gefertigte Vogelhaus trägt eine Beschriftung, welche an Shaker-Anzeigen aus dem 19. Jahrhundert erinnert.

Unten:
Vogelhaus
Das Vogelhaus hoch oben im Apfelbaum wird vor Räubern gut versteckt sein, sobald sich das Laub entfaltet.

Nistkasten mit Schindeldach

Der hölzerne, mit attraktiver Beschriftung versehene Nistkasten war einmal eine Flaschenkiste; eines der Grifflöcher bildet den Eingang. Das Schindeldach besteht aus den Seiten und dem Boden einer ausrangierten Gemüsekiste. Die Leiste unten an der Vorderseite war Teil der ursprünglichen Flaschenkiste; sie wurde dort belassen, weil die Beschriftung eine nette Wirkung hat. Die Kiste stammt vom Trödler; wer Schwierigkeiten hat, etwas Ähnliches zu finden, kann statt dessen ganz normales Holz verwenden. Die Maße des Nistkastens richteten sich nach der Größe der Flaschenkiste; es ist also sinnvoll, beim Nachbau einigermaßen flexibel zu bleiben. Solange die Proportionen erhalten bleiben, sollte man sich von genauen Abmessungen nicht irritieren lassen.

Selbstgebautes Vogelhaus mit Schindeldach

Material und Werkzeug

Holzkiste – etwa 45 x 30 cm

Gemüsekiste – ähnliche Größe

Fuchsschwanz

Hammer

Stifte – 30 mm

Holzkleber

Schmirgelpapier

Pinsel

Klarlack, seidenmatt, auf Wasserbasis

Acrylfarbe in gebranntem Umbra

Unten:

Dachschindeln

Diese Schindeln wurden aus den Spanbrettchen einer Gemüsekiste hergestellt.

Montage

1. Die Holzkiste vorsichtig in ihre Einzelteile zerlegen und folgendermaßen zuschneiden: Vorder- und Rückseite – 15,5 cm hoch x 16,5 cm breit (für die Vorderseite ein Holzstück mit Eingriff auswählen)

- 2 Seitenteile – 13 cm hoch x 16,5 cm breit
- 2 Giebeldreiecke – 12 cm hoch x 16,5 cm breit
- Bodenplatte – 20 x 20 cm (eventuell aus zwei Holzstücken zusammensetzen)

2. Den Sitzplatz aus einem Reststück schneiden und glatt schmirgeln. Unterhalb des Flugloches zwei Stifte von hinten durch die Vorderseite schlagen. Die Rückseite des Sitzplatzes mit Kleber bestreichen und ihn vorsichtig auf die Stifte klopfen.

3. Vorder- und Rückseite und Seitenteile zu einem Rechteck zusammenkleben und -nageln; die Kanten schließen dabei unten gerade ab, während oben die Seitenteile kürzer sind. Auf den Kopf stellen und die Bodenplatte festnageln.

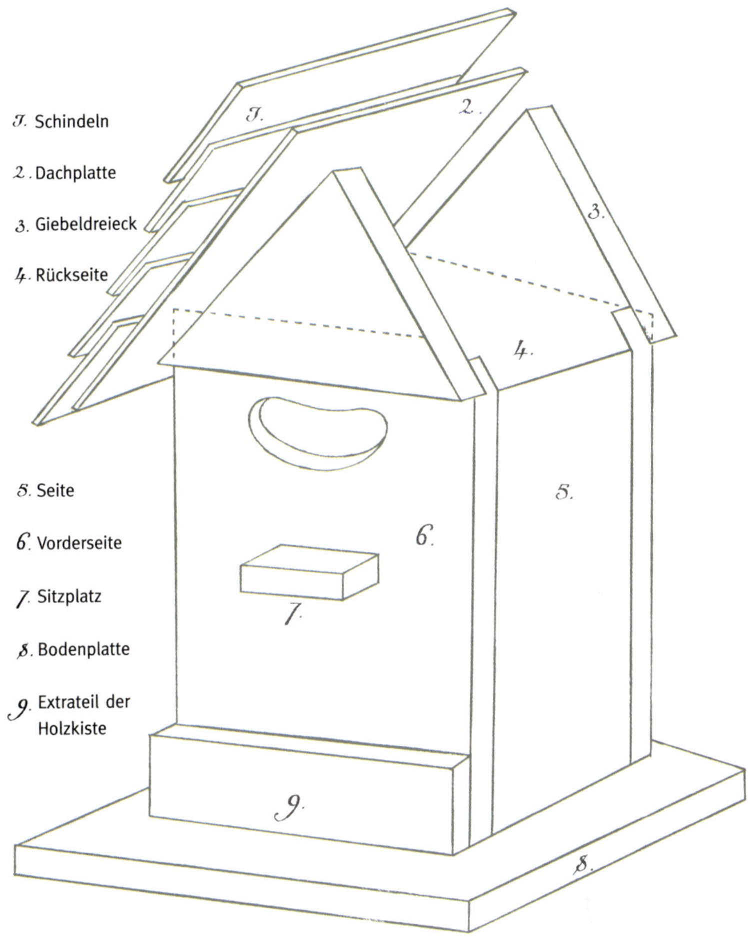

4. Das Giebeldreieck so an die Vorderseite kleben und nageln, dass beide Teile etwa 2,5 cm übereinander liegen. Mit dem Fuchsschwanz die überstehenden Ecken glatt absägen. Die Rückseite ebenso arbeiten.

5. Die Gemüsekiste zerlegen und für das Dach aus den größten Teilen zwei Rechtecke schneiden. So festkleben und -nageln, dass sie am First dicht abschließen.

6. Aus dem restlichen Material der Gemüsekiste 6 cm breite Schindeln schneiden und unten beginnend das ganze Dach damit überlappend bekleben.

7. Raue Kanten leicht anschmirgeln und die Hausseiten mit Klarlack lackieren. Danach für die Schindeln ein wenig braune Acrylfarbe mit Lack vermischen, um sie farblich an das übrige Haus anzupassen.

Werkzeuge

„Niemand soll ein Werkzeug ausleihen, das einem anderen angehört, ohne ihn um Erlaubnis zu ersuchen. Wer ein Werkzeug entleiht, soll es unverzüglich zurückgeben, nach Möglichkeit unbeschädigt, und ist es beschädigt, so ist dieses dem Besitzer durch den Entleiher anzuzeigen."

Die Tausendjährigen Gesetze (1845)

Links:
Gießkannen
Alte galvanisierte Gießkannen sind einfach schön und praktisch – perfekt für den Shaker-Garten.

Mitte:
Torftöpfe
Torftöpfe und Steckhölzchen harren im Gartenhäuschen auf das Frühjahr und auf neue Saat.

Im *Gartenhandbuch* führen die Shaker folgende Gerätschaften als für den Gartenbau nötig auf: „Pflug, Egge, Rechen, Hacke, Schaufel, Mistgabel, Gießkanne, Pflanzkelle, eine lange, feste Schnur oder Kordel und eine hölzerne Walze 18 Zoll im Durchmesser und 4 Fuß breit. Vielleicht sollte man zu dieser Liste noch Bohnenstangen, Erbsenreiser, eine Anzahl von Stecken und Bindfaden hinzufügen. Diese genügen meistens, wenn wir auch wissen, dass man zeitweise anderes benötigt, wie eine Brechstange zum Setzen der Bohnenstangen, Messer, Schere oder Sichel zum Beschneiden und für die Ernte."

Abgesehen von Pflug, Egge und Walze, die für große Gärten gedacht sind, und einigen kleinen Änderungen, wie dem Tausch der Mistgabel gegen eine Grabgabel und der Sichel gegen eine Motorsense, hat diese Liste noch heute ihre Gültigkeit. Welche Rolle, mag man sich fragen, hätte eine Motorsense in einem Shaker-Garten gespielt? Die Shaker waren nie einer Innovation abgeneigt – schließlich waren sie die Erfinder der ersten

Gegenüber:
Holzgriff
Holzgriff und Metall des Spatens sind durch jahrelangen Gebrauch geglättet.

Sämaschine. Ihre Einstellung war, dass effizientere Werkzeuge bessere Arbeit ermöglichten, wenngleich ihnen das Konzept der „Arbeitsersparnis" vollkommen fremd war. Die Zeit, die man auf eine Aufgabe nicht aufwenden musste, wurde unverzüglich auf eine neue verwandt.

Die Shaker legten in ihren Gärten dieselbe Disziplin an den Tag wie in ihrem übrigen Leben, und die Pflege ihrer Gerätschaften war dabei von größter Wichtigkeit. Man erwartete, dass diese Geräte ein Leben lang oder noch länger hielten. In unserer modernen Wegwerfgesellschaft ist das eine Lektion, die wir ruhig lernen könnten. Das Geld für Qualitätswerkzeug ist hinausgeworfen, wenn wir es dort vor sich hinrosten lassen, wo wir es zum letzten Mal benutzten. Gewöhnen Sie sich an, Ihr Werkzeug am Ende eines Gartentages zu reinigen und wegzuräumen, und es wird es Ihnen mit einem langen, verlässlichen Dienst danken.

Reiser
Reiser stehen in Reih und Glied als Halt für die bald sprießenden Erbsen. Eine Rolle Bindfaden und zwei Bambusrohre dienen als einfache Richtschnur.

Oben:

Handwerkszeug

Kleingeräte warten in einem Drahtkorb auf ihren Einsatz; so lassen sie sich bequem in den Garten tragen.

Rechts:

Alte Geräte

Gerätschaften sollten nach jedem Gebrauch sorgfältig gereinigt werden; bewahrt man sie gut zugänglich auf, lassen sie sich viel leichter in Ordnung halten. Diese alten Geräte haben eine wunderbare Patina, doch sie müssen äußerst sorgfältig gepflegt werden. Die Shaker hätten dankbar unsere pflegeleichten Edelstahlwerkzeuge angenommen, die genauso effizient und dabei leichter und haltbarer sind.

Man kann immer noch wunderbare alte Gartengeräte zu vernünftigen Preisen kaufen. Die alten Damengabeln und -spaten sind für den Gärtner von heute besser proportioniert – normalgroße Geräte sind häufig äußerst schwer und unhandlich. Mit Freude benutzt man solch ein Werkzeug, an dessen Zinken oder Blatt Jahre des Gebrauchs ihre Spuren hinterlassen haben. Sie haben bereits ihre Tauglichkeit bewiesen, im Gegensatz zu vielen der „revolutionären" Kinkerlitzchen, für die heutzutage in Gartenzeitschriften geworben wird. Die Handgeräte – Gabeln und Kellen, die Griffe geglättet von den Händen früherer Besitzer – sind von einer Stabilität, wie man sie bei ihren heutigen Entsprechungen selten findet.

Alte galvanisierte Gießkannen findet man in allen Formen und Größen; die größten sollte man allerdings meiden, da sie äußerst schwer werden, wenn man sie ganz füllt. Ich benutze in meinem Shaker-Garten am liebsten eine 4-Liter-Kanne. Sie steht gleich neben dem Waschzuber, sodass ich sie eintauchen und durstige Pflanzen gießen kann, ohne jedes Mal zum Gartenschlauch greifen zu müssen. Im Winter sollte man eine solche galvanisierte Gießkanne im Gerätehaus unterstellen oder aber auf den Kopf stellen, damit kein Wasser in ihr gefriert und sie beschädigt.

Von links nach rechts:

Bürsten
Eine robuste Handbürste ist für die Reinigung von Töpfen und Saatschalen unersetzlich; mit einer weichen Bürste dagegen lässt sich beim Umtopfen die Blumenerde immer wieder zusammenfegen.

Holzkasten
Ein Holzkasten mit Inneneinteilung und Tragegriff hat sich im Shaker-Garten als sehr nützlich erwiesen; so waren Kleingeräte und Handschuhe immer sofort zur Hand.

Gartenschere
Eine scharfe Baumschere von guter Qualität gehört zur Grundausstattung des Gärtners. Sie schneidet nicht nur leichter, sondern auch sauberer, was die Wahrscheinlichkeit verringert, dass die Pflanze durch schlechten Schnitt Schaden nimmt.

Man sollte sich von der Welle der Nostalgie jedoch nicht zu sehr davontragen lassen. Die Shaker hätten mit Sicherheit neuere Materialien benutzt, um daraus gut durchdachte und effiziente Werkzeuge herzustellen. Neue Geräte sind häufig leichter und einfacher zu benutzen und in Ordnung zu halten als die alten handgefertigten Utensilien, mit denen die Shaker arbeiteten.

Für jedes Gartengerät ist es wichtig, dass es nach dem Gebrauch gut gereinigt wird. Ist es trocken, so genügt es, das Gerät abzubürsten und mit einem geölten Lappen abzureiben. Ist es feucht oder nass, so sollte das Gerät erst abgebürstet und dann abgewaschen werden, um festsitzende Erde zu entfernen; danach trocknet man es und reibt es mit Öl ab. Eine Alternative zum Öltuch ist ein mit Sand und ein wenig Öl gefüllter Eimer. Nach der Vorreinigung stößt man das Werkzeug in den Sand, um es danach in dem Gerätehaus an seinen Platz zu hängen. Holzstiele sollte man regelmäßig mit einem Öltuch abreiben, damit das Holz nicht austrocknet und reißt. Werkzeug mit Schneide – Spaten, Hacke, Baumschere, Schere – sollte alljährlich geschärft werden.

FARBEN

In frühen Shaker-Dörfern verriet die Farbe, in der ein Haus gestrichen war, seine Funktion. Weiße Farbe, Symbol der Reinheit, war religiösen Gebäuden vorbehalten. Die Tausendjährigen Gesetze *forderten dazu auf, Gebäude entlang der Straße „in einem helleren Ton" zu streichen, während Scheunen und andere weiter zurückliegende Gebäude dunkler zu halten waren – rot, braun oder „bleifarben". Arbeitsgebäude wurden traditionell rot, hellbraun oder gelb gestrichen.*

Regelmäßige Instandhaltung
Holzgebäude sehen das ganze Jahr gut aus, benötigen jedoch einen regelmäßigen Anstrich, sonst verlieren sie das gepflegte Aussehen, das charakteristisch für Shaker-Gebäude ist.

Farbe sahen die Shaker hauptsächlich in ihrer Funktion als Schutzanstrich für das Bauwerk. Mit Ausnahme des weiß gestrichenen Versammlungshauses war die Farbwahl gewissermaßen nebensächlich; es blieb jedoch angesichts des Bedürfnisses nach Kontrolle und Gleichförmigkeit, welches das Shaker-Leben charakterisierte, unvermeidlich, dass in den *Tausendjährigen Gesetzen* (1845) Regeln dafür aufgestellt wurden, welche Farben für welches Gebäude auszuwählen seien.

Auf diese Weise kam niemand in Versuchung, ein Gebäude von eher schlichter Architektur zu „dekorieren". Besucher aus der „Welt", die abwechslungsreichere und stärker verzierte Gebäude gewohnt waren, empfanden die Shaker-Häuser als übergroß und entsetzlich langweilig. Als Charles Dickens 1842 New Lebanon besuchte, blieb er unbeeindruckt und beschrieb die Häuser als nichts Besseres denn englische Fabriken und Scheunen.

Farbe wurde zu jener Zeit nicht in Massenproduktion hergestellt; wie jedermann rührten die Shaker ihre Farben selbst an. Einige ihrer Rezepte finden sich in einem 1848–49 handgeschriebenen Buch mit dem Titel *Rezeptbuch für Farben, Lasuren, Mörtel, Färbemittel, Tinten* etc., das die Inschrift „Rosetta Hendrickson – Ein Geschenk des Ältesten Austin" trägt. Aus ihnen wird offensichtlich, dass die Shaker im Allgemeinen Zutaten verwendeten, die nicht teuer und leicht erhältlich waren, wie Lein- oder Mohnöl und traditionelle mineralische Pigmente wie gelben Ocker, ungebranntes Siena und Eisenoxid-Rot. Teurere Zutaten wie Grünspan, Schellack und Chinesischer Zinnober wurden im Außenbereich nicht verwendet, sondern blieben Möbeln vorbehalten. Die Naturpigmente vereinten sich zu einer gedämpften Palette, die später von chemischen Farbstoffen abgelöst wurde, heute jedoch aufgrund ihrer Unaufdringlichkeit und guten Eignung für Architektur im Zeitstil geschätzt wird.

Gegenüber, oben links:
Shaker-Farben
Zubehör für den Shaker-Garten in traditionellen Farben der Shaker.

Oben rechts:
Dekorativer Stil
Dieses ungewöhnlich dekorative Vordach ist in derselben Farbe gestrichen wie das übrige Haus.

Unten rechts:
Warme Farben
Der Anstrich in warmen Farben mildert die strenge Schlichtheit des Bauwerks.

Im Shaker-Garten der Vergangenheit kamen Anstriche eigentlich recht wenig zum Einsatz, obschon die Zäune, die man auf Archivfotos und in heute noch existierenden Shaker-Dörfern sieht, alle weiß gestrichen zu sein scheinen. Dieses ist höchstwahrscheinlich eine Neuerung, die die Einführung von massenproduzierter Farbe mit sich brachte. Die gründliche Studie einiger Fotos des ausgehenden 19. Jahrhunderts zeigt, dass die Zäune auf der Straßenseite von Wohn- und Versammlungshäusern weiß gestrichen waren, an den Seiten und hinten jedoch naturbelassen blieben.

In den letzten Jahren sind Anstriche immer beliebter geworden, die auf historischen Rezepten und Farben basieren,

darunter sogar Milchfarben und traditionelle auf Leinöl basierende Mixturen wie jene, die von den Shakern verwendet wurden. Diese waren die Vorläufer der Hochglanz- und Emulsionsfarben, die wir heute verwenden. Mit Namen wie „Covered Bridge Red", „Corner Cupboard Blue" und „Linen Cupboard White" sprechen diese modernen Versionen gewiss jene Menschen an, die das Kolorit einer vergangenen Zeit einfangen möchten. Technologischer Fortschritt sorgt dafür, dass diese Farben heute weitaus dauerhafter sind als früher.

Ich wählte „Corner Cupboard Blue" für den Zaun, der meinen Shaker-Garten umgibt. Blau ist eine wunderbare Farbe für den Garten, da es sich mit dem Lichteinfall verändert. Bei Sonnenauf- und -untergang intensiviert es sich und zieht das Auge unwiderstehlich auf sich. An sonnigen Tagen harmoniert es sanft mit den Pflanzen, und an trüben Tagen ist es ein willkommener Farbklecks. Es gibt eine Vielzahl anderer Farben, von denen man wählen kann, wenn einem Blau nicht gefällt oder es mit der Umgebung schlecht harmoniert.

Der winzige Zaun, der mein Miniatur-Gärtchen umgibt, wurde in „Covered Bridge Red" („Schwedenrot") gestrichen; so komplementiert er die Farben in dem Innenhof, der hauptsächlich in Rot, Orange und Gelb bepflanzt ist. Bei der Wahl einer passenden Farbe sollte man sich ebenso sehr von seinem persönlichen Geschmack wie von der Shaker-Palette leiten lassen. Wer absolut unentschlossen ist, kann immer auf Nummer Sicher gehen und den Zaun weiß streichen – möglichst ein gebrochenes Weiß, das weniger hart ist als ein reines.

Der Lattenzaun war das einzige feststehende Element in meinem Shaker-Garten, das einen Anstrich erhielt. Alles übrige Holz – die Wege und die Rahmen der Hochbeete – wurde der Witterung überlassen. Tragkörbe, Saatkisten und ein Hocker wurden in einem weiteren Blauton, einem sanften Graugrün und kittfarben gestrichen. Da all diese Farben dieselbe deckende, matte Oberfläche haben, sehen sie wundervoll nebeneinander aus; gleichzeitig heben sie die Konturen des Holzes hervor und verleihen ihm Tiefe. Zu Recht wird immer wieder darauf hingewiesen, dass Farbmuster selten akkurat sind; es ist daher ratsam, die gewählte Farbe an einer kleinen Stelle auszuprobieren, bevor man seine endgültige Entscheidung trifft. Bedenken Sie dabei, dass die Wirkung einer Farbe sehr vom Lichteinfall abhängig ist.

Gegenüber, von oben:

Traditionelle Farben

Die Farbpalette, in der die Shaker-Gebäude gehalten waren, basierte auf den damals erhältlichen natürlichen Pigmenten. Daher haben viele der Farben ein erdiges, gedämpftes, mattes Aussehen. Selbst wenn die Gebäude einer Shaker-Siedlung in sehr unterschiedlichen Farben gehalten waren, harmonierten sie miteinander aufgrund ihrer ähnlichen Tongebung.

Links:

Dunkelrote Scheune

Das Tiefrot dieser Scheune im Shaker-Dorf Hancock ist eine Farbe, die man nicht nur in den Shaker-Siedlungen, sondern in ganz Neuengland häufig antrifft. Es ist eine traditionell gebräuchliche Farbe für die Scheunen und die überdachten Brücken der Region. Mit der Zeit verblasst sie zu einem sanften, rosigen Braun; ob frisch aufgetragen oder weich verblichen, diese Farbe wirkt in der Landschaft immer gut.

Die Shaker

„betrachteten den Boden als etwas,

das es aus roher Unfruchtbarkeit

zu freudiger Fruchtbarkeit und

Schönheit zu erlösen galt“.

HEPWORTH DIXON IN NEW AMERICA (1867)

Der Boden

„… tief, trocken, locker und fett –
das sind die wichtigen Eigenschaften eines guten Gartenbodens;
ist er es nicht von Natur aus, so soll er durch Kunst
entsprechend verwandelt werden.
Ist er nass, so ist das Wasser abzuführen;
ist er zu dürftig, so pflüge man tief;
zu mager, so bringe man Mist aus;
steinig, so lese man ihn aus –
und so soll jedes Hemmnis und jedes Hindernis
eines guten süßen Bodens durch Fleiß und Kunst
umgekehrt oder fortgeräumt werden."

DAS GARTENHANDBUCH

Die Shaker wussten, dass für gesunde und fruchtbare Pflanzen ein gesunder und fruchtbarer Boden unerlässlich ist. Sie wussten, dass sich mit harter Arbeit auch ganz und gar nicht vielversprechende Böden in Gärten „freudiger Fruchtbarkeit" verwandeln ließen, deren Ertrag sich im Laufe der Jahre noch steigern ließ. In den ersten Jahren einer jeden Siedlung waren die Gärtner als Pioniere beschäftigt, die das Land rodeten, um ihre Pflanzungen anlegen zu können. In der ersten Saison wurde das frisch gerodete Land mit Kartoffeln oder Hackfrüchten bepflanzt, um den Boden zu reinigen und für weiteren Anbau vorzubereiten. Dieses Verfahren wird noch heute angewendet, um auf neu beackerter Scholle Wiesenkräuter und Schädlinge zu bekämpfen. Eine Monokultur lässt sich einfacher bewirtschaften – das ganze Landstück kann auf einmal gehackt, angehäufelt und abgeräumt werden. Eine überreiche Ernte ist unwahrscheinlich; das Gemüse ist eher Nebenprodukt eines nutzbringenden Verfahrens.

Am Ende der ersten Saison oder aber zeitig im darauffolgenden Frühjahr wurde der Boden gründlich gedüngt und dann bebaut. Regelmäßige Düngung gehörte im Shaker-Garten zur Routine. Magere Böden wurden mit einer dicken Düngerschicht versehen, und selbst fruchtbare Böden wurden leicht aufbereitet, um ihren Ertragreichtum zu erhalten. Hierzu verwendeten die Shaker keinen reinen Mist, sondern Kompost, der nach einem bestimmten Rezept aus Mineralstoffen, Pflanzenschnitt und Dung hergestellt wurde.

Durch diese Bereitung des Bodens unterstützten und verbesserten die Shaker seine natürliche Fruchtbarkeit und sorgten dafür, dass das Land für nachfolgende Generationen gesund und ertragreich blieb. Dies ist herkömmliche aufbauende Bewirtschaftung, die auch die Basis des modernen organischen Anbaus bildet. Erst im 20. Jahrhundert ermunterten chemische Düngemittel, Unkrautvernichter und Pestizide den Gärtner zu einer anderen Verfahrensweise. Kurzfristiger Gewinn war das einzig Wichtige – größere, bessere Ernten, wenig oder gar kein Insektenschaden und unkrautfreie Gärten. Es wird immer offensichtlicher, dass diese Art des Garten- und Ackerbaus ihren Preis fordert; im Extremfall wird dabei der Boden in ein inertes Medium verwandelt, in dem jegliches Leben abgetötet wurde, bevor es dann mit einem Cocktail künstlicher Substanzen vollgepumpt wird. Die Shaker wussten, dass ihnen die Sorge für die Bodenfruchtbarkeit oblag; ich möchte es dem modernen Gärtner ans Herz legen, ihrem Beispiel zu folgen.

Shaker-Boden
Die Shaker waren außergewöhnlich erfolgreiche Gärtner, die aus jeder Handbreit ihres Bodens Erträge zu erwirtschaften verstanden. Das Land wurde mit der Zeit immer fruchtbarer, da sie es mit Kompost, umsichtiger Kultivierung und guter Bewirtschaftung ständig verbesserten.

Bodenarten

Ich habe einen Großteil meines Gärtnerlebens damit zugebracht, schwere Tonböden zu verbessern und mit Leben zu versehen; eine der größten Freuden bei der Bestellung meines Shaker-Gartens bereitete mir daher sein lockeres, fruchtbares, sandiges Erdreich. Nicht jeder wird jedoch dieses Glück haben und vielleicht feststellen, dass er seinen Boden verbessern muss, bevor dieser ein befriedigendes Ergebnis liefert.

Bevor man seinen Boden verbessern kann, muss man ihn verstehen. Die einfachste und mit die beste Methode besteht darin, eine Hand voll Boden aufzunehmen und zwischen den Fingern zu zerreiben. Fühlt er sich grobkörnig an, so ist er sandig; Tonböden sind klebrig; Schluffboden fühlt sich glatt und seidig an; torfige Böden sind schwarz und feucht; kreidiger Boden ist blass, trocken und krümelig.

Grobkörniger oder sandiger Boden besteht aus relativ großen Partikeln; er ist leicht, gut dräniert und luftdurchlässig, wodurch gute Lebensbedingungen für die unerlässlichen mikroskopischen Bodenorganismen gegeben sind. Er enthält eventuell zu wenig Humus; daher ist es wichtig, viel Kompost, gut verrotteten Mist und andere pflanzliche Materie einzuarbeiten, um einen gehaltvollen Boden herzustellen, der während einer Trockenperiode genügend Feuchtigkeit speichern kann. Da dieser Boden das Wasser gut abführt, lässt er sich unter fast allen Bedingungen bewirtschaften, ohne zu verdichten.

Ton- und Schluffböden bestehen aus sehr feinen Partikeln, die fest zusammenkleben und Luft ausschließen, sodass Mikroorganismen nur schwer überleben können. In Trockenzeiten erhärtet dieser Boden und bildet an der Oberfläche eine steinharte Kruste. Ist er nass, so wird er klebrig und widerspenstig und lässt sich überhaupt nicht bestellen. Nach meinen Erfahrungen kann man einen solchen Boden, solange er nicht verfeinert ist, während weniger Wochen zu Beginn und Ende der Saison bearbeiten; zu allen anderen Zeiten lässt man ihn am besten ruhen, will man der Bodenstruktur nicht noch größeren Schaden zufügen. Um solche Ton- und Schluffböden zu verbessern, muss man ihnen Luft zuführen, indem man große Mengen pflanzlicher Materie einarbeitet – vorzugsweise möglichst grobe, wie Kompost, der die Bodentextur verbessert.

Torfiger Boden ist von Natur aus sehr nährstoffreich, da er aus verrottetem Pflanzenmaterial besteht. Wer solchen Boden hat, braucht nur wenig zu tun, um Struktur und Fruchtbarkeit zu verbessern, da diese exzellent sind. Der hohe Säuregrad der Erde muss jedoch durch regelmäßiges Kalken ausgeglichen werden. Torfböden sollten bei heißem Wetter nie ganz austrocknen, da sie dann nur schwer wieder Wasser aufnehmen. Regelmäßiges leichtes Wässern oder aber das Ausbringen einer Feuchtigkeit speichernden Mulchschicht sind hier empfehlenswert.

Kreideboden ist meist voller Steine und Flint. Mit seiner blassen Farbe wirkt er nährstoffarm, und da er sehr durchlässig ist, hält er weder Wasser noch Nährstoffe. Kreideböden sind überaus alkalisch und bilden manchmal nur eine äußerst dünne Schicht auf felsigem Untergrund. Diese Bodenart ist schwierig, da viele Pflanzen unter solchen Bedingungen nicht gedeihen. In einen Kreideboden müssen große Mengen an pflanzlicher Materie eingearbeitet werden, vorzugsweise saure Substanzen wie Grasschnitt oder Rindenkompost, die den alkalischen Eigenschaften des Bodens entgegenwirken.

Gegenüber:
Shaker-Boden, Hancock
Shaker-Gärten entstanden häufig auf jungfräulichem Grund, der erst von Vegetation und großen Steinen und Felsen befreit werden musste bevor er sich bestellen ließ. Selbst dann waren sie häufig von schlechter Qualität, und die ersten Erträge waren enttäuschend. Jahre sorgfältiger Bewirtschaftung transformierten diese nicht sehr vielversprechenden Äcker in die fruchtbaren Gärten von heute.

Eine gute Bebauung

Die Shaker wussten, dass ein gutes Saatbeet ausschlaggebend für den Erfolg der Aussaat war. Sie bereiteten den Boden äußerst sorgfältig, ohne dabei die Bedürfnisse der jeweiligen Saat zu vergessen – je feiner das Samenkorn, desto feinkrümeliger musste der Boden sein. Wie die Parabel des guten Sämanns sie lehrte, strebten sie immer danach, in fruchtbare Erde zu säen und nichts auf steinigen Boden oder an den Wegrand fallen zu lassen.

Bodenbearbeitung

„Die Erfahrung lehrt, dass durch gute Bodenbearbeitung sowohl Quantität als auch Qualität der Ernte in ungleich höherem Maße wachsen als die zusätzlichen Kosten, bis ein Zustand der Perfektion und damit selbstverständlich das Ende der Verbesserung erreicht sind."

Das Gartenhandbuch

Die Shaker strebten in all ihren Taten nach Perfektion, und dazu gehörte auch die Bearbeitung ihres Bodens. Perfektion ist ein wenig zu ambitioniert – und unrealistisch –, doch lässt sich nicht leugnen, dass gut kultivierter Boden weit mehr Ernte trägt als ein schlecht bereitetes Landstück.

Umgraben

Umgraben ist der erste Schritt. Tiefes Umgraben mit dem Spaten lässt schnell viele der Vorzüge wie auch Nachteile eines Gartens sichtbar werden. Mein Shaker-Garten erwies sich mit seinem leichten, sandigen Boden und wenigen Steinen als leicht zu bearbeiten, doch es fanden sich einige hartnäckige Unkräuter, die sorgfältig entfernt werden mussten. Bei einem größeren Landstück ist man leicht verführt, eine Motorhacke zu benutzen, doch diese ist mit Vorsicht zu genießen, wenn ausdauernde Wurzelunkräuter vorhanden sind. Das Gerät zerkleinert die Unkrautwurzeln und vervielfältigt das Problem anstatt es zu beseitigen. Ein schwerer Boden sollte am besten im Herbst zu einer Zeit umgegraben werden, da er weder steinhart noch voller Wasser ist. Lässt man die Schollen über Winter ruhen, zieht das Wasser besser ab, und der Frost kann den Boden noch besser erschließen.

Harken

Als Nächstes wird das Beet geharkt; sollen feine Samen ausgestreut oder in Rillen gesät werden, ist dieses sorgfältig und gründlich zu tun. Ist das Beet für Bohnen, Kürbispflanzen u.ä. bestimmt, braucht man nicht so gründlich zu arbeiten.

Das Gartenhandbuch

Wieder einmal geben die Shaker guten Rat, und es zeugt von praktischem Sinn, dem Gärtner freizustellen, den Boden für große Samen wie Bohnen und Kürbisse weniger fein zu bereiten. Obwohl die Shaker feste Anhänger von Arbeitsmoral waren, sahen sie keinen Sinn in unnötiger Arbeit. Leichte Böden sind schnell geharkt, doch schwere erweisen sich auch hier als widerspenstig. Nasser schwerer Boden muss ruhen – wartet man auf gute Bedingungen, dann lässt er sich leicht zerkrümeln, ohne zu schmieren oder an der Harke zu kleben.

Hacken

Es gibt drei Arten des Hackens, welche im Garten zur Anwendung kommen und welche folgendermaßen bezeichnet werden: 1. Ziehhacken, 2. Hacken und 3. Anhäufeln. Mit der ersten Methode beseitigt man lediglich Unkräuter; mit der zweiten fördert man das Pflanzenwachstum, indem man den Boden lockert; mit der dritten stützt und nährt man bestimmte Pflanzen in einem späteren Wachstumsstadium, indem man die Erde um ihre Stiele oder Stängel anhäufelt.

Das Gartenhandbuch

Die Shaker waren begeisterte Anhänger der Hacke. Sie glaubten, dass der Boden ständig bearbeitet werden müsse um zu verhindern, dass Unkräuter Wurzel fassen, und um die Luftzirkulation zu verbessern. Da sie dem Mulchen meist abgeneigt waren, weil sie es als zu unordentlich ansahen, war regelmäßiges Hacken zur Unkrautbekämpfung unabdingbar. Der Gärtner von heute ist Mulchen gegenüber aufgeschlossener, die eine praktische und wirkungsvolle Unkrautunterdrückung unter gesetzten Pflanzen ermöglichen, doch um Sämlinge und Jungpflanzen ist noch immer das Unkraut durch regelmäßiges Hacken in Schach zu halten, bis ein Mulch ausgebracht werden kann.

ANBAU

„Eins für den Shaker, eins für die Krähe, eins für den Dieb.“

SÄEN, AUSDÜNNEN & AUSPFLANZEN

Von einem Beetende zum anderen spanne man eine Schnur als Richtschnur für die Saatrille. Dann ziehe man mit der Ecke der Hacke, einem spitzen Stock oder einem dafür hergestellten Gerät flache Furchen von Nord nach Süd, die in Tiefe und Abstand dem Samen angemessen sind, den sie aufnehmen sollen.

DAS GARTENHANDBUCH

Es lag im Interesse der Shaker, als Samenhändler ihre Kunden mit Ratschlägen zu versorgen, wie man aus Samen erfolgreich Pflanzen zieht. Ein zufriedener Kunde kommt wieder. Das erste *Gartenhandbuch* wurde 1836 veröffentlicht und 16 000 Mal verkauft; 1843 folgte die erweiterte Ausgabe, welche die Quelle vieler Weisheiten für dieses Buch war. Die meisten Ratschläge in dem Handbuch entsprechen dem gesunden Menschenverstand und sind heute so verständlich wie damals. Es ist überflüssig, die oben zitierte Säanleitung zu kommentieren; es ließe sich lediglich ergänzen, dass der Samen, sobald er dünn in die Rille eingebracht ist, leicht übergeharkt, vorsichtig mit dem Rücken der Harke angedrückt und dann angegossen werden sollte.

SAATGUT EINWEICHEN

In einem sehr trockenen Jahr, oder wenn man den Garten sehr spät bepflanzt, kann es nützen, den Samen einige Stunden in lauwarmem Wasser einzuweichen. Im Allgemeinen jedoch keimt jede gute Saat, wird sie zur rechten Zeit gelegt, ohne Einweichen ebenso gut; für Kohlsamen ist es geradezu schädlich.

DAS GARTENHANDBUCH

Den Shakern war klar, dass nicht alle Gärtner so wohlorganisiert und effizient waren wie sie, und so war dies ein segensreicher Rat für alle Saumseligen; vom kommerziellen Standpunkt aus betrachtet verlängerte sich wahrscheinlich dadurch die Verkaufssaison! Zieht man Samen in Töpfen oder Schalen vor, so lohnt es oft, sie einzuweichen, da sie dann nicht so lange den Platz im Gewächshaus oder Frühbeet beanspruchen.

AUSDÜNNEN

Ausdünnen kann zwei Mal vorgenommen werden: das erste Mal, sobald die Pflanzen gut sichtbar sind, das zweite Mal, wenn sie so groß sind, dass sich erkennen lässt, welche sich gut entwickeln werden. Da die Qualität der Ernte wie auch ihre Quantität oft sehr stark von dieser Maßnahme beeinflusst werden, ist es wichtig, dass sie zur rechten Zeit und gewissenhaft durchgeführt wird. Es ist ein weit verbreiteter Fehler, Pflanzen zu dicht stehen zu lassen, und Gärtner verfallen ihm sehr leicht.

DAS GARTENHANDBUCH

AUSPFLANZEN

Es besteht die weit verbreitete, jedoch falsche Meinung bezüglich des Auspflanzens, dass es kurz vor einem Schauer geschehen müsse, um gut zu gelingen; die Erfahrung jedoch zeigt, dass ein Abend ein bis zwei Tage später, wenn der Boden wieder trocken genug zum Bearbeiten ist, vorzuziehen und abgesehen von einem Wolkentag die bestmögliche Zeit ist. Der Boden sollte wie zum Säen bereitet werden, und die Pflanzen sollten mit so viel Erde wie möglich aufgenommen werden, was dadurch gefördert wird, dass man vorher gründlich wässert. Ein Loch ist auszuheben, das tief genug ist, um die Wurzeln in ihrer ganzen Länge aufzunehmen, die Pflanzen sind aufrecht hineinzusetzen und lose Erde ist von allen Seiten anzudrücken. Zarte Pflänzchen sind gegebenenfalls die ersten ein oder zwei Tage nach dem Umsetzen zu gießen und zu schattieren.

DAS GARTENHANDBUCH

Obere Reihe:

Samen

Bei der Aussaat gilt als Daumenregel, dass sich die Stärke der abdeckenden Erdschicht an der Stärke des Samenkorns orientieren sollte. Die meisten kleinen Samen benötigen zum Keimen nur eine sehr dünne Abdeckung mit gesiebter Erde. Immer sofort beschriften.

Mitte links:

Anzucht

Sämlinge müssen recht bald verzogen werden. Saaterde enthält nur wenige Nährstoffe, und werden die neuen Pflänzchen nicht in gehaltvollere Erde gesetzt, verlangsamt sich ihr Wachstum rasch.

Mitte rechts:

Die meisten Stecklinge lassen sich in scharfem Sand bewurzeln.

Unten links: **Blumenerde**

Handelsübliche Blumenerden enthalten üblicherweise genügend Nährstoffe für sechs Wochen, was ausreichend ist für Pflanzen, die nach dieser Zeit in den Garten gesetzt werden. Gibt es hierbei eine Verzögerung, so sind regelmäßige Gaben von Flüssigdünger angeraten, damit die Pflanzen kräftig weiterwachsen.

Unten rechts: **Anzucht**

Ausgepflanzte Sämlinge sollten nach dem Umpflanzen vorsichtig gegossen werden; haben sie sich aufgerichtet, vertragen sie mehr Wasser. Idealerweise sollte pikiert werden, sobald die Pflänzchen ihr Paar Erstlingsblätter entwickelt haben. Den Sämling immer an den Blättern fassen, niemals am Stiel.

Selbst gebautes Glättbrett

Material und Werkzeug

Griff (Stück eines Besenstiels) – 20 cm

Holzleiste – 20 x 5 x 2 cm

Messingschraube – 50 mm

Schmirgelpapier, mittlere Körnung

Bohrer

Schraubenzieher

Montage

1. Den Griff sorgfältig glatt schmirgeln, dabei ein Ende abrunden.

2. Das Stück Holzleiste glatt schmirgeln, dabei alle Ecken abrunden.

3. Den Mittelpunkt der Holzleiste markieren und ein Loch für die verwendete Schraube bohren.

4. Die Schraube hindurchstecken und den Griff mit der Mitte dagegensetzen.

5. Die Schraube anziehen.

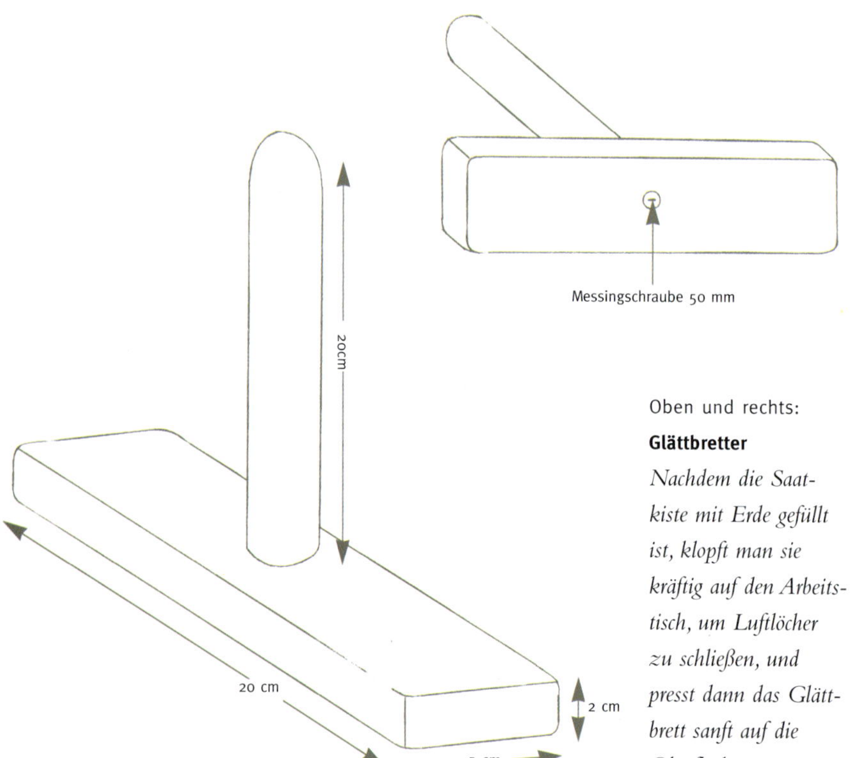

Oben und rechts:
Glättbretter
Nachdem die Saatkiste mit Erde gefüllt ist, klopft man sie kräftig auf den Arbeitstisch, um Luftlöcher zu schließen, und presst dann das Glättbrett sanft auf die Oberfläche.

Unkräuter

„Ah! da sind unsere treuen Freunde wieder. Doch wir können sie nicht freihalten, obschon ein jedes wunderschön ist. Wie jedes Lebewesen streben sie danach, ihre Art zu erhalten, und setzen ihre winzige Saat zu Tausenden ab, um eine neue Ernte zu sichern. Gewissenhaftes unablässiges Hacken allein verhindert, dass sie überhand nehmen.“

Zweites Farmerhandbuch,
Sabbathday Lake, Maine (1853)

Die Shaker sahen zwar die Schönheit vieler Unkräuter, doch das Jäten betrachteten sie als eine religiöse Übung. Unkraut in ihrem Garten tolerierten sie ebenso wenig wie unreine Gedanken in ihrem Geist. *Das Gartenhandbuch* ermahnt: „Das Unkraut ist zeitig zu jäten; mit nicht nachlassender Gewissenhaftigkeit ist dies so häufig wie nötig während der Wachstumszeit fortzusetzen.“ Man spürt, dass das unablässige Jäten manchmal seinen Reiz verlor, wie segensreich es auch für Seele und Garten sein mochte – in einem Tagebucheintrag liest man: „Für die Gärtner heißt es jäten, jäten, hacken, hacken, denn das Unkraut wächst sehr schnell.“

Hacken ist gewöhnlich der erste Schritt der Gartenpflege, der auszuführen ist, sobald die Saat gut aufgegangen ist, und mit dem je nach Notwendigkeit pünktlich und getreu fortzufahren ist, um Unkraut zu vernichten und die Pflanzen während der Saison zu nähren.

Das Gartenhandbuch

Während der Wachstumsperiode gab es Zeiten, da die Shaker meinen Garten als wenig perfekt befunden hätten. Bei Sämlingen und Jungpflanzen achtete ich sorgsam darauf, dass ich die ausdauernden Unkräuter in Schach hielt, doch sobald die Pflanzen gut eingewachsen waren, jätete ich zwar regelmäßig, doch nicht mit „nicht nachlassender Gewissenhaftigkeit“. Außer der Hacke benutze ich gern einen dreizinkigen Krümmer, um zwischen den Pflanzen zu arbeiten – mit diesem Gerät gibt es weniger versehentliche Enthauptungen! Idealerweise sollte man trockenes Wetter für das Hacken und Jäten wählen, da die Unkräuter dann nicht so leicht wieder anwachsen. Bleiben dann herausgezogene Kräuter auf dem Boden liegen, so vertrocknen sie und sterben ab.

Obwohl die Shaker rigoros sämtliches Unkraut entfernten, sollte der Shaker-Garten von heute manche Kräuter als wichtige Wirts- und Nektarpflanzen für Schmetterlinge und Nutzinsekten tolerieren. Hinter dem Zaun, in sicherer Entfernung von den Hochbeeten, gedeiht in meinem Garten ein Flecken ungemähtes Gras mit Nesseln, Disteln und Klee, die ich nur anrühre, wenn sie dem Zaun zu nahe kommen. So teile ich die Freude an meinem Garten mit den Schmetterlingen.

Oben:
Unkraut
Die Shaker verglichen die Befreiung des Gartens von Unkraut mit der Befreiung der Seele von unreinen Gedanken; sie waren überzeugt, dass die erste Aktivität die zweite fördere.

GIESSEN

„Manche Gärtner verwenden viel nutzlose Mühe darauf, Wasser um und auf ihre Pflanzen zu tröpfeln. Will man Pflanzen aussetzen, und ist der Boden sehr trocken, so kann es helfen, wenn man ihn ein oder zwei Tage vorher wässert. Doch freistehenden Pflanzen, die gut angewurzelt sind, nützt das übliche Gießen mit einer Gießkanne nur sehr wenig."

DAS GARTENHANDBUCH

Oben:
Waschbütte
Eine alte Waschbütte, Vorläufer der Waschmaschine, hat sich in meinem Shaker-Garten als Regentonne sehr bewährt. Gelegentlich mit dem Wasserschlauch aufgefüllt, sie ist eine schnell erreichbare Wasserquelle.

Die frühen Shaker pflegten ihre Gärten zu einer Zeit, da das meiste Wasser herbeigetragen werden musste und Gießen eine beschwerliche, zeitaufwendige Aufgabe war. Aufgrund ihrer sorgfältigen Beobachtungen und Aufzeichnungen kamen sie zu dem Schluss, dass das Handbewässern einer verwurzelten Feldfrucht größtenteils eine sinnlose Tätigkeit sei. Sie beobachteten, dass diese Art der Bewässerung nur wenig oder gar keinen Einfluss auf eine gut angewachsene Pflanze mit gutem Wurzelsystem hat, da das Wasser nur selten tief genug eindringt, um von der Pflanze aufgenommen zu werden.

Diese Kenntnisse sind für den Shaker-Garten von heute genauso nützlich. Ein oberflächliches Gießen, ob per Hand oder Schlauch, fördert die Bildung flacher Wurzeln anstelle tief vordringender, welche die Pflanze selbst bei Trockenheit mit Wasser aus tieferen Schichten versorgen. Konstantes Gießen hat weiche, saftreiche Pflanzen zur Folge, die schnell welken, wenn einmal nicht gegossen wird. Wie Kinder, so müssen auch Pflanzen ermutigt werden, selbständig zu werden, indem man ihnen zu einem guten Start verhilft und ihnen eine Umgebung schafft, in der sie gedeihen können.

Der Rat der Shaker, bei trockenem Wetter den Boden ein oder zwei Tage vor dem Auspflanzen von Setzlingen zu wässern, ist sinnvoll. Hierdurch wird sichergestellt, dass die Erde gleichmäßig feucht ist und nicht hier nass und da trocken, was der Fall ist, wenn man den Boden direkt vor dem Pflanzen befeuchtet.

Idealerweise sollte in der Abendfrische gegossen werden. So wird das Wasser am besten genutzt, denn die Pflanzen nehmen es während der kühlen Nacht auf, bevor die Sonne die Feuchtigkeit an der Oberfläche verdunsten lässt. Wasser ist ein begrenztes Gut, und obgleich es heutzutage weitaus einfacher ist, den Shaker-Garten zu bewässern, ist es von größter Wichtigkeit für unsere Zukunft und die zukünftiger Generationen, dass wir es sparsam und sinnvoll einsetzen.

Oben:
Wasserfass
Ein traditionelles hölzernes Wasserfass neben einem Baum ist sehr dekorativ, doch muss es regelmäßig nachgefüllt werden, damit es nicht austrocknet und undicht wird.

Ganz links:

Spundzapfen

Holzfässer sind manchmal einfach mit einem Spundzapfen verschlossen anstatt mit einem Zapfhahn.

Links:

Abendliches Gießen

Grundsätzlich in der Abendkühle oder frühmorgens gießen, um Verbrennungen an den Pflanzen zu vermeiden.

Schädlinge

„Da alle Vorkehrungen, um Insektenschäden vorzubeugen, manchmal versagen, und um sich einer Ernte sicher zu sein, ist man wohlberaten, genügend Saat von solchen Pflanzen auszubringen, welche leicht befallen werden; zusammen mit den vorgenannten Maßnahmen für das gute Gedeihen der Pflanzen ist dieses häufig die einzige Weise, wie sich eine Ernte sichern lässt.“

Das Gartenhandbuch

Die Methoden der Shaker zur Insektenbekämpfung sind eine Mischung vernünftiger Mittel, wie sie dem Biogärtner von heute bekannt sind, wie Holzasche, Salz und Absammeln, und einer eher beängstigenden Auswahl potentiell gefährlicher Substanzen, die nicht länger im Gebrauch sind, wie ungelöschter Kalk und Lauge. Lange fermentierter Urin scheint ein ganz besonders beliebter Wirkstoff gewesen zu sein, doch wie effektiv er auch gewesen sein mag, ich glaube nicht, dass ich ein Gemüse essen möchte, das mit diesem speziellen Insektizid behandelt wurde!

Die Shaker beobachteten alles, was im Garten vor sich ging, und konnten so wirkungsvolle Kontrollmaßnahmen entwickeln. Sie stellten beispielsweise fest, dass der so genannte Abbisswurm, die Larve einer nordamerikanischen Mottenart, „seine Verwüstung des Nachts anrichtet und sich beim ersten Licht sogleich unter den Boden zurückzieht, nahe der Pflanze, die er als Letztes befiel“. Hierdurch war es ein Leichtes, die Larven aufzuspüren und zu vernichten, bevor sie an Bohnen, Paprika, Mais, Zwiebeln, Radis oder Kohl weiteren Schaden anrichteten.

„Als Präventivmaßnahme, die einem Patentrezept immer vorzuziehen ist, pflanze man diese Gemüse niemals an derselben Stelle wie im vorhergegangenen Jahr.“

Das Gartenhandbuch

Rechts:
Schaden durch Ungeziefer
Es ist unbedingt notwendig, die Pflanzen gut zu beobachten und Ungeziefer beim ersten Anzeichen von Befall zu entfernen, will man nicht hohe Ernteverluste riskieren. Alle Schneckenarten werden abends und bei Feuchtigkeit aktiv; zu diesen Zeiten sollte man also besonders aufmerksam sein.

Wie jeder gute Gärtner so wussten auch die Shaker, dass Fruchtwechsel ein wichtiges Mittel der Schädlings- und Krankheitsbekämpfung ist. Pflanzen können jedem Angriff besser widerstehen, wenn sie durch und durch gesund sind, mit genügend Abstand in gutem Boden wachsen und von Unkraut nicht bedrängt werden; danach strebten die Shaker in ihren Gärten.

Regelmäßiger Fruchtwechsel und kräftige Pflanzen allein bewahren das Gemüse allerdings nicht vor jedem Schaden. Aufmerksamkeit ist wichtig, und jeden Problems sollte man sich frühzeitig annehmen, bevor die Schädlinge sich dauerhaft niederlassen. Ein abendlicher Kontrollgang durch den Garten hilft bei der Bekämpfung von Schnecken aller Art. Wie man mit ihnen verfährt, bleibt jedem Einzelnen überlassen – ich persönlich habe einen Eimer Salzwasser dabei. Den Anfängen eines Befalls meiner Kletterbohnen mit schwarzen Bohnenblattläusen wehrte ich mit einem scharfen Wasserstrahl; diese Behandlung hat ihnen eindeutig nicht gefallen, denn sie kehrten nicht wieder. Generell versuche ich es mit mechanischer Kontrolle – Barrieren, Pflanzgemeinschaften oder Absammeln des Ungeziefers –, doch stärkerem Befall muss manchmal mit biologischen Mitteln oder organischen Insektiziden begegnet werden.

Kompost

„Der beste Gartendünger ist Kompost: zu einem Teil mineralische Substanzen wie Asche, Kalk, Sand oder Ton, Salz (sofern benötigt), etc.; zu fünf Teilen pflanzliche Materie, wie Unkraut, Stroh, Blätter, Wurzeln und Pflanzenstängel, und falls notwendig Gerbrinde oder Sägemehl, um den Boden aufzulockern; und zu sechs Teilen tierische Exkremente. Diese sind im Laufe des Jahres zu sammeln und gut zu vermengen, sodass sie fermentieren. Im Herbst ist dieser Kompost gleichmäßig über den Garten zu verteilen und unterzupflügen."

Das Gartenhandbuch

Oben links:
Kompost
Im Uhrzeigersinn, oben beginnend: handelsübliche Blumenerde, gut verrotteter Kompost, Lehm

Oben rechts:
Mulch
Im Uhrzeigersinn, oben beginnend: Kies, glatte Kiesel und grober Splitt sind gut als Mulch geeignet.

Die Kompostherstellung war für den Gartenbau der Shaker von zentraler Bedeutung. Sie müssen viel Zeit darauf verwandt haben, ihr Kompostrezept zu perfektionieren, während sie unablässig daran arbeiteten, die Fruchtbarkeit des Bodens zu bewahren, die für den Ertrag ihrer Gärten so wichtig war. Das Rezept ist je nach Bodentyp und -struktur variabel. Die frisch gerodeten Böden Neuenglands waren sehr sauer und die Zugabe von Kalk daher wesentlich, doch die Shaker erkannten, dass Böden ausgesprochen unterschiedlich sein können und gaben daher Alternativen für den Mineral- wie für den Pflanzengehalt an. Die Menge an Kompost, die in den Boden einzuarbeiten war, hing von seinem Zustand ab. Karger Boden wurde mit bis zu dreißig Ochsenkarren Kompost pro Morgen angereichert – ein sicherer Hinweis darauf, dass man hier die Kompostherstellung im großen Stil betrieb.

Die Kompostbereitung in meinem Shaker-Garten bewegt sich in einem wesentlich bescheideneren Rahmen. Da es sich um einen neu angelegten Garten handelt, existierte noch kein Komposthaufen; ich musste also ganz vorn anfangen. Ein einfacher Holzrahmen (s. Zeichnung) ist der erste von dreien, die später einmal nebeneinander stehen werden. Sobald der erste Behälter voll ist, wird er abgedeckt, damit der Inhalt verrotten kann. Der zweite

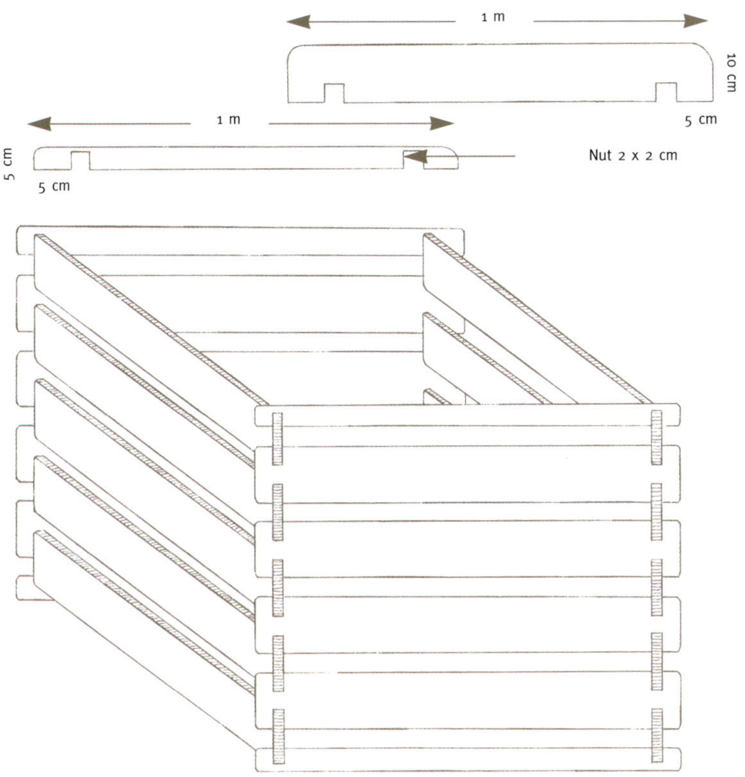

Selbst gebauter Kompostsilo

Material und Werkzeug

Holzlatten (18) – 100 x 10 x 2 cm

Holzleisten (4) – 100 x 50 x 2 cm

Fuchsschwanz

Stechbeitel

Holzhammer

Holzschutzmittel

Pinsel

Montage

1. Holzlatten in 1 m lange Stücke sägen.

2. Jeweils 2 Nuten markieren und mit Fuchsschwanz und Stechbeitel ausarbeiten; dabei darauf achten, dass der gleiche Abstand von Nut zu Nut eingehalten wird.

3. Holzschutzmittel auftragen.

4. Auf ebenem Boden zwei schmale Leisten mit den Nuten nach oben parallel im Abstand von 1 m auslegen.

5. Zwei breite Latten mit der ungezinkten Seite so in die Nuten stecken, dass die vier Bretter ein Quadrat bilden. Eventuell mit dem Holzhammer nachhelfen (zum Schutz einen Holzrest auflegen).

6. Nacheinander alle breiten Latten in entsprechender Weise einfügen; als Letztes die zwei übrigen schmalen Leisten mit den Nuten nach unten aufsetzen.

und dritte Rahmen folgen beizeiten, sodass ich schließlich einen gebrauchsfertigen Kompost habe, einen, der gerade kompostiert, und einen, in den ich meine Gartenabfälle gebe.

Ich halte mich so gut wie möglich an das Shaker-Rezept, wenngleich ich bei der Menge an Mist zurückstecke, da dieser nicht mehr so leicht erhältlich ist, und für den Mineralgehalt benutze ich eine Mischung von einem Teil Kalk und einem Teil verbrauchter Blumenerde. Die Kompostierung setzt man am besten in Gang, indem man einmal eine beträchtliche Menge an frischem Grün hinzugibt, denn sonst heizt der Komposthaufen nicht genügend auf. Alle Zutaten sollten gründlich gemischt werden; ich habe festgestellt, dass sich das einfacher in der Schubkarre bewerkstelligen lässt, bevor man sie in den Kompostbehälter schüttet.

Die Shaker verließen sich auf die natürliche Fruchtbarkeit des Bodens und ihres Komposts, um ihre Pflanzen zu nähren. Heutzutage geben wir außerdem Flüssigdünger, und ich sorge in meinem Shaker-Garten mit verdünntem Algendünger für kräftiges Pflanzenwachstum. Dem Biogärtner bieten sich eine ganze Reihe dieser Flüssigdünger an; man kann auch selbst aus Beinwell oder Brennnesseln eine Jauche herstellen, indem man frisch geschnittene Blätter mit Wasser bedeckt und sie sechs Wochen lang fermentieren lässt. Danach lässt sich diese (äußerst übelriechende) braune Brühe als höchst wirksame Flüssigdüngung einsetzen.

Kompostbehälter
Der Kompostbehälter sollte unbedingt leicht erreichbar und in Gartennähe aufgestellt sein; alles andere bereitet sinlose Mühe!

Mulche waren bei den Shakern nicht sehr beliebt, die die Reinheit eines unbedeckten Boden vorzogen. Nur als Winterschutz setzten sie Mulch ein, um ihn im Frühling auf den Komposthaufen zu geben. Ich werde in Zukunft mit Kompost mulchen, da ich ihn für sehr wirksam halte, um den Boden feucht zu halten und Unkraut zu unterdrücken.

„Seht die Blumen, sie schmücken die Flur,

Die sanfte Brise trägt ihren Duft,

Und zarter Kräuter Aromen pur

Durchdringen heilend, belebend die Luft.“

KRÄUTERKATALOG

HARVARD COMMUNITY, MASSACHUSETTS (1843)

KRÄUTER

Matricaria recutita
syn. Matricaria chamomilla

„Kräuter gab es viele an der Zahl. Männertreu, Amerikanische Polei, Grüne Minze, Pfefferminze, Katzenminze, Wintergrün, Wasserdost, Sarsaparille und Löwenzahn wuchsen wild in den umliegenden Feldern. War es an der Zeit, sie zu ernten, fuhr ein Älterer Mitbruder mit einem großen Wagen voller Kinder, jedes mit einem Hedetuch gewappnet, auf die Wiesen. Hier pflückten sie dann das Kraut der Wahl, ein jedes an seinem Tag, damit keine Gefahr bestand, sie zu vermischen, und waren ihre Tücher gefüllt, so machten sie sich feierlich auf den Heimweg."

SCHWESTER MARCIA BULLARD, GOOD HOUSEKEEPING (1906)

Für die Shaker lag der Nutzen der Kräuter vorwiegend in ihren medizinischen Eigenschaften – ihre Verwendung in der Küche war ausgesprochen gering. Zu einer Zeit, da die allgemein übliche medizinische Behandlung häufig tödlicher war als die Krankheit selbst, wandten sich die Shaker den pflanzlichen Heilmitteln der amerikanischen Ureinwohner zu – ursprünglich zum Schutz der eigenen Gesundheit, schließlich jedoch, um darauf ein einträgliches und wohl respektiertes Geschäft aufzubauen, das eine wichtige Grundlage ihres Wohlstandes bildete. Mit der ihnen eigenen Genauigkeit, ihren akribischen Arbeitsmethoden und ihrer Aufrichtigkeit stand ihr Name bald für reine Kräuter höchster Qualität, die sie in riesigen Mengen verkauften.

In den frühen Shaker-Siedlungen wurden Kräuter überwiegend in der freien Natur gesammelt und durch begrenzten Anbau einiger bekannter Arten aus der alten Heimat lediglich ergänzt. Diese Kräuter benutzte man in Verbindung mit den Glaubensheilungen und dem Handauflegen, das Mutter Ann praktizierte, um die Gesundheit der Gemeinschaft zu wahren; später kamen noch einige Therapien hinzu, die in der „Welt" gern eingesetzt wurden, wie Brech- und Abführmittel und Fasten.

Kleine Mengen wurden vielleicht an Außenstehende abgegeben, doch erst 1820 begann ein richtiger Kräuterhandel. New Lebanon war die erste Siedlung, in der Kräuter im großen Rahmen angebaut wurden. In der Mitte des Jahrhunderts stellte diese Gemeinschaft jährlich bis zu 100 000 Pfund getrockneter Kräuter her; dazu kamen noch weitere Kräuterprodukte, wie der Katalog aus dem Jahr 1851 zu erkennen gibt: *Ein Katalog von Heilpflanzen, Rinden, Wurzeln, Samen, Blüten und ausgewählten Pulvern mitsamt ihren therapeutischen Eigenschaften und botanischen Namen; des weiteren reine Pflanzenextrakte, in vacuo hergestellt; Salben, Dicksäfte, ätherische Öle, Wasserdestillate und Duftwässer, etc., auf höchst sorgfältige Weise angebaut, zubereitet und konserviert von der Vereinigten Gesellschaft der Shaker von New Lebanon, N.Y.*

In dem Katalog findet sich eine Empfehlung Constantine Rafinesques, des Autors von *Heilpflanzen, oder ein Handbuch der medizinischen Pflanzenwelt der Vereinigten Staaten Nordamerikas:* „Die besten Heilgärten der Vereinigten Staaten sind jene, welche die Shaker-Gemeinschaften betreiben."

Weitere Shaker-Gemeinden folgten dem Vorbild New Lebanons, und in Canterbury, Watervliet, Harvard und Union Village begann ein großflächiger Anbau. Zusammengenommen betrieben die Gemeinschaften schließlich Heilgärten auf etwa 150 Morgen Land. Die Siedlung in Hancock pflegte einen 4 Hektar großen Kräutergarten, wovon gut 1,5 Hektar einzig dem Anbau von Salbei vorbehalten waren, eines ihrer meistgenutzten Heilmittel und eines der wenigen Kräuter, die auch in der Küche häufig gebraucht wurden.

Gegenüber:
Kräuter vor der Tür
Kräuter gedeihen nahe der Tür eines Hauses im Shaker-Dorf Canterbury.

Oben:
Viktorianischer Garten
Bis zur Viktorianischen Zeit wurden von den Shakern nur selten Pflanzen in unmittelbarer Umgebung der Wohngebäude gezogen.

Heilkräuter

„14., 15. Juli. Habe im Kräutergarten gearbeitet, ein wenig hier, ein wenig dort, bin jedoch unverdrossen. August – sammle hier und dort Kräuter, steige in die Hügel im Westen, suche Lobelien. 26. und 27. – arbeite im Heilgarten, 30. und 31. – sammle hier und dort Günsel. Sept. 1830 – sammle den ganzen Monat hier und dort Kräuter und Wurzeln, hügelauf, hügelab. 22., 23. und 24. – steige bis Sheffield hinab, suche Frauenwurzel, am 28. auf den Berg für Frauenhaar.“

Benjamin Gates, New Lebanon (1830)

Heilkräutergarten

1. Königskerze
2. Johanniskraut
3. Mutterkraut
4. Pfefferminze
5. Echte Kamille
6. Ringelblume
7. Römische Kamille
8. Goldhopfen
9. Stockrose
10. Roter Sonnenhut
11. Salbei
12. Essigrose
13. Damaszener-Rose
14. Beinwell
15. Thymian

Plan eines Kräutergartens
Dieser kleine Kräutergarten enthält eine Auswahl an relativ ungefährlichen Pflanzen, welche die Shaker zu Heilzwecken zogen. Manche finden noch heute in Hausmitteln Anwendung.

Ein wenig Verdruss klingt aus Benjamin Gates' Beschreibung seiner Arbeit – all das „hier und dort“ lässt vermuten, dass er sich vielleicht etwas weniger Hin und Her dabei gewünscht hätte, doch gerade aufgrund des Gehorsams und der Sorgfalt, mit der die Shaker ihrer Arbeit nachgingen, waren ihre Kräuter so rein und hochwertig.

Je nachdem, welche Teile der Pflanze gebraucht wurden, sammelte man sie zu unterschiedlichen Jahreszeiten. Wurzeln wurden im Herbst gegraben und im Hause gesäubert und getrocknet. Empfindliche Pflanzenteile sammelte man auf quadratische Hedetücher von viereinhalb Metern Saumlänge. Die Blüten waren als der kostbarste Teil der Pflanze angesehen; sie wurden gesammelt, sobald sie sich öffneten, und rasch getrocknet, damit sie ihre Farbe nicht verloren. Blätter wurden gepflückt, wenn die Pflanze in Blüte stand.

Die Ernte erfolgte grundsätzlich am Morgen, nachdem der Tau getrocknet war, jedoch bevor die Sonnenglut den Pflanzen ihre Öle entzog. Zweijährige

Rezept

Wohltuende Handsalbe

Diese Heilsalbe ist reich an Lanolin und kann entweder vor der Gartenarbeit als Schutz für die Hände aufgetragen werden oder aber danach als Wohltat für wunde, rissige Haut.

Zutaten

25 g Lanolin
15 g weißes Bienenwachs
75 g Mandelöl
50 ml reines Wasser
10 Tropfen Kamilleöl
5 Tropfen Storchschnabelöl
5 Tropfen Zitronenöl

Zubereitung

Lanolin und Wachs im Wasserbad vorsichtig zergehen lassen. Mit dem Rührbesen schlagen und dabei nach und nach das Mandelöl zugeben; die Mischung wird dabei steifer und undurchsichtig. Gleichmäßig weiter schlagen und währenddessen das Wasser tropfenweise zugeben. Dabei emulgiert die Mixtur und verwandelt sich in eine feste Creme. Die ätherischen Öle unterrühren und den Handbalsam in einen sauberen, verschließbaren Behälter füllen.

Ganz oben:
Handbalsam
Stellt man ein mit Handcreme gefülltes Deckeltöpfchen aus Ton oder Steinzeug neben das Becken oder den Wasserhahn, an dem man sich nach der Gartenarbeit die Hände wäscht, kann man sie gleich benutzen.

Oben:
Reine Zutaten
Reine, unverfälschte Zutaten, die den Shakern bekannt waren, wurden hier mit ätherischen Ölen zu einer heilenden Salbe vermengt – gereinigtes weißes Bienenwachs, Lanolin und Mandelöl sind wirksam und kosten nicht viel.

Pflanzen wie Fingerhut erntete man im zweiten Jahr. Rinde wurde im Frühjahr oder Herbst gesammelt, wenn der Saft stieg; damit der Baum nicht beschädigt wurde, nahm man hierzu ausgewählte Äste ab, wodurch der übrige Baum unverletzt blieb. Samenkörner wurden sofort gesammelt, wenn sie in der Sonne volle Reife erlangt hatten, um Vögeln und anderen Tieren zuvorzukommen.

Die Kräuter wurden in extra dafür errichteten Gebäuden weiter verarbeitet. In New Lebanon befanden sich in der zweiten Etage und auf dem Dachboden des Kräuterhauses die Trockenräume; in einem anderen Gebäudeteil presste eine von Pferden getriebene Presse Blätter und Wurzeln zu festen Platten. Im Extrakthaus wurden Destillate hergestellt, und in einem Fertigstellungsraum wurde abgepackt und beschriftet.

Ein Artikel in *Harper's Magazine* stellte 1857 fest:

„... in jeder Abteilung herrscht perfekte Ordnung und Sauberkeit. Überall wird nach System gearbeitet, und alle Handlungen zeugen von äußerster Ökonomie."

Johanniskraut *(Hypericum)*

Mutterkraut *(Chrysanthemum parthenium)*

Ringelblume *(Calendula officinalis)*

Ausgewählte Heilkräuter

Welche Bedeutung haben die Heilgärten der Shaker für unsere heutigen Gärten? Wir täten der Shaker-Philosophie Unrecht, wenn wir einen historisch exakten Heilkräutergarten anlegten, um ihn nur zu betrachten. Dennoch sind alle bis auf die harmlosesten Pflanzen mit äußerster Vorsicht und nur unter fachkundiger Anleitung zu genießen. Bei der Anlage meines Heilkräutergartens habe ich fünfzehn Pflanzen ausgewählt, von denen sich die meisten unbesorgt als Naturheilmittel nutzen lassen; einige wenige würde ich nicht für den Hausgebrauch empfehlen, doch sie sind historisch exakt und verleihen dem Garten Struktur und Gestalt.

Stockmalve *(Alcea rosea)*
Die Shaker empfahlen die Stockrose bei Frauenleiden und Husten. Diese hochaufschießende zweijährige Pflanze (oder die kurzlebige Perenne) zieht man am besten aus Samen vor, um sie in vollsonniger Lage auszupflanzen, vorzugsweise vor einem Zaun oder einer Mauer. Heute wird die Stockrose nicht mehr zu medizinischen Zwecken eingesetzt; sie ist jedoch eine so reizende Pflanze, dass ich sie dennoch mit einbezog.

Ringelblume *(Calendula officinalis)*
Aus Ringelblumen stellten die Shaker Salben und Tinkturen zur Behandlung von Schnittwunden, wunden Stellen und Insektenstichen her. Die einjährige Ringelblume lässt sich sehr leicht aus Samen ziehen. Man sät sie an Ort und Stelle aus und dünnt aus oder aber zieht sie in Töpfen vor, um sie später auszupflanzen.

Römische Kamille *(Chamaemelum nobile)*
(syn. *Anthemis nobilis*)
Diese Kamillenart empfehlen die Shaker gegen Übelkeit und als Beruhigungsmittel. Ihre Wirksamkeit bei beiden Indikationen ist unbestritten; sie hat jedoch im Vergleich zur ebenso wirkungsvollen Echten Kamille (*Matricaria recutica*) einen bitteren Geschmack. Römische Kamille ist eine ausdauernde immergrüne Pflanze, die Rasen bildet und vom Frühjahr bis zum Spätsommer weiße Margeritenblüten trägt. Heutzutage wird Römische Kamille hauptsächlich als Zusatz zu Shampoos und Spülungen für blondes Haar gegeben und unter Potpourri gemischt.

Roter Sonnenhut *(Echinacea purpurea)*
Die amerikanischen Indianer betrachteten den Sonnenhut als Allheilmittel; es ist daher nahe liegend, dass die Shaker diese Pflanze in ihren Kräutergärten zogen. Es handelt sich um eine ausdauernde Staude mit lanzettartigen Blättern und großen, violett-rosa Blüten, die einen vollsonnigen Platz auf fruchtbarem, wasserdurchlässigem Boden bevorzugt. Die neuere Forschung hat gezeigt, dass *Echinacea* offenbar ohne Nebenwirkungen das Immunsystem stark stimuliert. Die Darreichungsform ist als Pulver aus der Wurzel von wenigstens drei- bis vierjährigen Pflanzen; eine Einnahme sollte unter ärztlicher Aufsicht erfolgen und sich auf unter Laborbedingungen gewonnenes Pulver beschränken.

Goldhopfen
(Humulus lupulus 'Aureus')
Aus Hopfen stellten die Shaker einen einfachen Extrakt her, den sie als Sedativum empfahlen. Goldhopfen ist eine attraktivere Spielart des gewöhnlichen Hopfens. Er ist eine stark wüchsige ausdauernde Pflanze, die sich über einen Bogen oder einen Zaun ziehen lässt und in gut durchlässigem Boden in der Sonne wie im Schatten wächst. Ein hopfengefülltes Duftkissen unter dem Kopfkissen soll schlaffördernde Wirkung haben.

Echtes oder Tüpfel-Johanniskraut
(Hypericum perforatum)
Die Shaker stellten aus dem Echten Johanniskraut eine kräftig rote Lotion her. Als Kur für raue Haut und wunde Stellen bereiteten sie mit Alkohol oder Öl einen Auszug aus den frischen Blüten. *Hypericum perforatum* ist eine Büschel bildende Staude, die in sonniger Lage in gut durchlässigem Boden problemlos gedeiht. Neuerdings hat man Johanniskraut als wirksames Antidepressivum erkannt, das selbst von Ärzten verschrieben wird. Versuchen Sie bei einer solchen Indikation jedoch keine Selbstbehandlung.

Echte Kamille (*Matricaria recutica*)
Es ist unklar, ob die Shaker diese einjährige Kamillenart anbauten, doch heute sollte sie in keinem Heilkräutergarten fehlen, da sie der Römischen Kamille bei inneren Anwendungen weit überlegen ist. (Angaben zur Kultur siehe S. 80–81.)

Roter Sonnenhut *(Echinacea)*

Borretsch *(Borago officinalis)*

Nachtkerze *(Oenothera missouriensis)*

Pfefferminze *(Mentha* x *piperita)*
Die beruhigende Wirkung der Pfefferminze auf den Verdauungstrakt ist seit Jahrhunderten bekannt. Die Shaker benutzten wie viele andere das Kraut als wirkungsvolles Mittel gegen Magenschmerzen und Übelkeit und zur Linderung von Koliken. Außerdem destillierten sie Pfefferminze zu einer Essenz, mit deren Hilfe der unangenehme Geschmack mancher Medizin übertönt wurde. Sie ist eine sich schnell ausbreitende Staude, die in sonniger wie schattiger Lage in durchlässigem Boden gut gedeiht. Da sie sehr wuchert, pflanzt man sie am besten in einen Behälter, z.B. einen alten Eimer ohne Boden, der in die Erde gesenkt wird. Wer homöopathische Mittel einnimmt, sollte Minze meiden, da sie diese Mittel in ihrer Wirksamkeit beeinträchtigt.

Rose *(Rosa gallica var. officinalis und Rosa damascena)*
Die bei den Shakern als Medizinpflanze beliebteste Rose war aufgrund ihrer adstringierenden und tonischen Wirkung die Essigrose *(Rosa gallica)*. Außer ihr zogen sie hauptsächlich noch die Damaszenerrose *(R. damascena)*, daneben die Weiße Rose *(R. alba)* und die Moosrose *(R. centifolia)*. Rosenwasser war eines ihrer Hauptprodukte; sie verkauften es als Geschmacksstoff und als Inhaltsstoff zur Parfümherstellung an Kunden aus der „Welt".
Die Essigrose ist ein gepflegter Strauch mit halbgefüllten, rosigroten Blüten. Von den Damaszenerrosen bevorzugten die Shaker die Sorten 'Gloire de Guilan', welche in Persien zur Herstellung von Rosenöl angepflanzt wurde, und 'Ispahan' mit ihren stark duftenden, gefüllten rosa Blüten. Rosen sollte man einen vollsonnigen Standort geben und den Boden mit Knochenmehl und Stallmist anreichern. Die Rosenblütenblätter lassen sich getrocknet für Potpourri verwenden.

Echter Salbei *(Salvia officinalis)*
In Rillen mit 2 Fuß Abstand aussäen, in der Reihe auf 8 bis 10 Zoll verziehen. Er ist ausdauernd, doch da junge Pflanzen die besten Blätter hervorbringen, sollte er alle 2 Jahre neu gesät werden.
DAS GARTENHANDBUCH

Die Shaker verschrieben Salbei bei Erkältungen und Husten und bei nächtlichem Schwitzen. Neuere Untersuchungen legen nahe, dass dem Salbei eine Vielzahl medizinischer Eigenschaften zuzuschreiben ist einschließlich derer, welche die Shaker nennen. Außerdem scheint es, als ließe sich durch regelmäßig eingenommenen Salbei der Beginn der Alzheimerkrankheit signifikant verzögern. (Nähere Angaben zur Kultur siehe S. 80–81.)

Gemeiner Beinwell *(Symphytum officinale)*
Im *Drogisten-Handbuch Reiner botanischer Arzneien* (1873) führen die Shaker den Gemeinen Beinwell als Mittel gegen Wassersucht, Ruhr und wunde Stellen auf. Er ist eine wuchskräftige Staude mit großen, lanzettartigen Blättern und cremefarbenen oder blauen Blüten. Die behaarten Blätter können zu Hautreizungen führen. Die Pflanze gedeiht am besten in feuchtem Boden in sonniger oder halbschattiger Lage; da sie gerne wuchert, sollte man die ungehinderte Ausbreitung der Wurzeln verhindern. Heute wird Beinwell vorwiegend als Pflanzendünger (siehe S. 64–65) oder als Gründünger auf dem Komposthaufen eingesetzt.

Wilder oder Sand-Thymian *(Thymus serpyllum)*
Thymian war eines der wenigen Küchenkräuter, welche die Shaker nutzten, doch sie brauchten ihn auch bei Kopfschmerz und gegen Hysterie. Thymian ist ein mediterranes Kraut, und die meisten seiner Arten sollten in kälteren Regionen im Topf gezogen oder aber als einjährig betrachtet werden. Der Wilde Thymian jedoch verträgt Schatten und Feuchtigkeit besser als seine Verwandten; es ist belegt, dass er in Harvard im Obstgarten wuchs. Thymian ist in den Gegenden um Shaker-Siedlungen in Massachusetts und seinen Nachbarstaaten erfolgreich verwildert. Heutzutage wird Thymian nur noch wenig zu medizinischen Zwecken eingesetzt, obgleich ein Thymianaufguss eine angenehme Verdauungshilfe ist.

Mutterkraut *(Chrysanthemum parthenium)*
Im *Kräuterführer des Shaker-Dorfes Hancock* wird Mutterkraut als Mittel gegen Erkältungen und gegen Darmparasiten aufgeführt. Es ist eine zweijährige attraktive, buschig wachsende Pflanze mit tiefgelappten Blättern und zarten margeritenartigen weißen Blüten, die leicht gedeiht und sich selbst aussamt. Mit Mutterkraut belegte Brote sollen gegen manche Arten der Migräne wirksam sein.

Königskerze
(Verbascum densiflorum) (syn. *V. thapsiforme)*
Königskerze verwendeten die Shaker zur Behandlung von Brust- und Ohreninfektionen. Diese attraktive zweijährige Pflanze bringt aus einer bodenständigen Rosette graufilziger Blätter hohe Blütenkerzen mit blassgelben Blüten hervor. Sie gedeiht gut an einem vollsonnigen Platz, möglichst im hinteren Bereich des Beetes, und samt sich selbst aus. Früher tauchte man die hohen Blütenstängel in Talg, um aus ihnen primitive Fackeln zu machen. Medizinisch sind die Blüten von größtem Nutzen, doch auch die Blätter und Wurzeln sind wirksame Bestandteile. Aus frischen Blüten und Blättern lässt sich ein Tee aufbrühen, dem beruhigende Eigenschaften zugeschrieben werden.

Küchenkräuter

„Um Gewürz-, Küchen- und Heilkräuter und ihre Blüten zu bewahren, sammle man sie während der Blüte, trockne sie sorgfältig und verschließe sie in dichten Kästen oder Gefäßen, bis sie benötigt werden."

Das Gartenhandbuch

Im Jahr 1847, sechs Jahre nach ihrem ersten Heilkräuterangebot, verzeichneten die Shaker-Kataloge zum ersten Mal auch kulinarische Kräuter. Um diese Küchenkräuter von den medizinischen zu unterscheiden, verkaufte man sie in kleinen Blechdosen anstatt als Pressblöcke. Zu dieser Zeit unterzogen die Shaker ihre Ernährungsweise einem dramatischen Wandel: Sie mieden die frühere fleischreiche, fetthaltige Kost, die sie nun als

Oben:
Kräutertöpfe
Küchenkräuter lassen sich im kleinsten Garten ziehen.

Rechts:
Kräuterhonig
Süß duftender Honig mit Thymianblüten.

Rechte Seite, oben:
Wilder Majoran
Wilder Majoran war eines der wenigen Küchenkräuter der Shaker

Unten:
Thymianblüten
Thymianblüten haben einen milderen Geschmack als die Blätter.

Rezept

Kräuterhonig

Einfacher Honig aus dem Laden erhält durch Küchenkräuter oder, besser noch, deren Blüten ein besonderes, feines Aroma.

Zutaten

1 Glas flüssiger Honig
1 Esslöffel zarte Triebspitzen vom Thymian mit Blüten

Zubereitung

Thymianspitzen früh am Tag ernten. Vorsichtig abspülen und trocknen lassen, in den Honig einrühren. Das Glas verschließen und eine Woche warm stellen, dabei gelegentlich umrühren, damit das Aroma sich gleichmäßig im Honig verteilen kann. Wie gewohnt verbrauchen.

schädlich betrachteten und übernahmen und adaptierten eine Diät, die auf der Ernährungstheorie von Sylvester Graham basierte, dem Erfinder des Graham-Crackers und einem frühen Befürworter von Vollkornbrot und vegetarischer Ernährung. Es ist wahrscheinlich, dass Kräuter dem Essen beigefügt wurden, um diese neuen, eher faden Nahrungsmittel interessanter zu machen; des Weiteren halfen sie den Gemeinschaften bei Verdauungsstörungen, die in jenen Zeiten ein weit verbreitetes Problem waren.

Den frühen Shakern stand nur eine begrenzte Auswahl an Gewürzkräutern zur Verfügung – Thymian, Garten-Bohnenkraut, Majoran und, seltener, Meerrettich. Viele der Kräuter, die wir heute selbstverständlich in der Küche gebrauchen, waren damals hauptsächlich ihrer medizinischen Eigenschaften wegen geschätzt. Petersilie beispielsweise wurde gegen vielerlei Beschwerden eingesetzt – Petersilienwurzel nahm man gegen Wassersucht ein, als Diuretikum und gegen Geschlechtskrankheiten, die Blätter legte man bei Insektenstichen und -bissen auf, und Petersiliensamen waren ein Mittel gegen Kopfläuse. Obwohl das *Gartenhandbuch* Petersilie erwähnt, gibt es kaum Hinweise darauf, dass sie in der Küche verwendet wurde, bis 1882 Mary Whitchers *Shaker-Haushaltsführung* veröffentlicht wurde – das Einzige war ein als „pot herb" bezeichnetes Gericht aus verschiedenen Blattgemüsen. Ebenso war Basilikum, im 20. Jahrhundert bei Köchen überaus beliebt, ein Mittel gegen unablässiges Erbrechen, und mit einem Rosmarinaufguss behandelte man Erkältungen, Koliken und Nervenleiden.

Als die Beliebtheit der Heilkräuter nachließ, begannen die Shaker-Schwestern neue Anwendungen für sie zu finden. Aus Sumpfschwertlilie, Andorn und Liebstöckel stellten sie Bonbons her, und während der Heuernte trugen sie erfrischende Kräutergetränke auf die Felder hinaus. In den 70er Jahren des 20. Jahrhunderts ließ die Gemeinschaft in Sabbathday Lake Anbau, Ernte und Trocknen von Küchenkräutern neu aufleben. Diese werden in Dosen verpackt, welche Nachbildungen der alten Kräuterdosen der Shaker sind.

Rosmarin *(Rosmarinus officinalis)*

Basilikum *(Ocimum basilicum)*

Krauseminze *(Mentha spicata)*

Ausgewählte Küchenkräuter

Heute nutzen wir ein weitaus größeres Repertoire an Küchenkräutern als die Shaker; wir kennen Kräuter aus der ganzen Welt und haben sie zu einem so wichtigen Bestandteil unserer Küche gemacht, dass es die Shaker sehr in Erstaunen versetzt hätte. Bei meiner Wahl von Küchenkräutern für den Shaker-Garten habe ich mich bewusst auf solche beschränkt, die dem Shaker bekannt gewesen wären, wenn er sie auch anders genutzt hätte.

Krauseminze *(Mentha spicata)*
Die Shaker nutzten diese Minze hauptsächlich zu medizinischen Zwecken – Kolik, Erbrechen, Wassersucht –, doch sie bereiteten auch eine Minzsoße zu Lamm. Das Rezept wurde höchstwahrscheinlich von den ersten Shakern aus England mitgebracht, denn die Soße wurde auf die traditionelle englische Art mit Essig, Zucker und heißem Wasser zubereitet. Krauseminze ist eines der unkompliziertesten Kräuter, solange die Wurzeln feuchten, fruchtbaren Boden im Halbschatten finden. Diese wuchernde Pflanze sollte man in einen Behälter pflanzen oder an einen Ort, wo die Wurzeln in ihrer Ausbreitung eingeschränkt sind. Minze ist köstlich in Salaten oder mit neuen Kartoffeln gedämpft.

Basilikum *(Ocimum basilicum)*
Auch dieses für den modernen Koch unverzichtbare Würzkraut wurde von den Shakern nur zu medizinischen Zwecken eingesetzt; sie beugten damit dem Erbrechen vor. Basilikum ist eine einjährige Pflanze, deren Saat nur bei warmen Temperaturen keimt und daher entweder im Haus vorgezogen oder aber nach Ende der Frostgefahr im Freien ausgesät wird. Eine Störung seiner Wurzeln nimmt es übel; man sollte also im Topf wie auch im Freiland nur dünn säen. Ich habe es im Topf und im Beet gezogen und festgestellt, dass die Topfpflanzen wesentlich besser gediehen, weil sie sich nicht gegen andere Pflanzen behaupten mussten. Basilikum ist die ideale Ergänzung zu rohen wie auch zu gekochten Tomaten.

Wilder Majoran *(Origanum vulgare)*
Wilden Majoran mischten die Shaker in Füllungen und sie gaben ihn als Würzkraut an Suppen, Eintöpfe und Fleischgerichte. Sie behandelten ihn wie eine einjährige Pflanze, obgleich das *Gartenhandbuch* ihn als zweijährig beschreibt; in milden Gegenden lässt er sich als kurzlebige Staude ziehen.
Wilder Majoran ist eine winterharte zweijährige Pflanze und stammt aus Portugal. Um den ersten Mai auf einem vorbereiteten Saatbeet breit ausstreuen – der Boden sollte sehr fein geharkt sein und die Saat ohne Rillen ausgebracht werden. Die Saat will nicht bedeckt sein; man lege ein Brett auf das Beet und gehe darüber – mehr ist nicht nötig, damit sie angeht. Ist die Pflanze groß genug zum Umpflanzen, setze man sie auf einen Abstand von sechs Zoll. Bei trockenem Wetter gießen. Zur Blütezeit wird das Kraut abgeerntet und für den Winter getrocknet, weshalb jedes Jahr erneut zu säen ist. Das Kraut wird viel in Suppen, Brühen, Füllungen etc. verwendet.

Das Gartenhandbuch

Will man Wilden Majoran über mehrere Jahre halten, so gibt man ihm am besten einen Sonnenplatz mit gut durchlässigem Boden und schneidet ihn im Herbst zurück. Ich habe einen altertümlichen Waschzuber mit Wildem Majoran und anderen sonnenhungrigen Kräutern bepflanzt und an geschützter Stelle in der Nähe meiner Küchentür aufgestellt. Heute variiert man mit diesem Kraut Gerichte aus rotem Fleisch; es ist eine unerlässliche Würze für Wurstfüllungen und verleiht einer Pizza ihr authentisches Aroma.

Petersilie
(Petroselinum crispum)
Ein heilsames Küchenkraut. Wie frühen Salat anbauen.

Das Gartenhandbuch

Nachdem die Shaker die Petersilie als Küchenkraut angenommen hatten, gaben sie die Blätter an Salate und bereiteten aus ihnen eine Soße, die zu Fisch und Geflügel gereicht wurde. In meinem Shaker-Garten habe ich sowohl die krause als auch die glatte Variante gezogen, deren Geschmack meiner Meinung nach vorzuziehen ist. Petersilie ist zwar zweijährig, doch gewöhnlich sät man sie jedes Jahr von neuem aus.
Petersilie gedeiht am besten in leichtem Schat-

Wilder Majoran *(Origanum vulgare)*

Glatte Petersilie *(Petroselinum crispum)*

Echter Salbei *(Salvia officinalis)*

ten in einem Boden, der mit Mist oder Kompost aufbereitet wurde. Ich habe krause Petersilie neben eine Rübenreihe gesät, die dem Kraut Schatten spendete. Petersilie verleiht nicht nur Salaten, gekochtem Gemüse und Aufläufen einen feinen Geschmack, sondern ist auch ausgesprochen reich an Chlorophyll, weshalb sie ein ausgezeichnetes Mittel für frischen Atem ist; neuere Untersuchungen haben Hinweise ergeben, dass regelmäßiger Genuss zur Senkung des Cholesterinspiegels führen kann.

Rosmarin *(Rosmarinus officinalis)*
Die Shaker behielten den Rosmarin der Behandlung von Husten und Erkältungen vor. Er ist ein attraktiver immergrüner Halbstrauch mit blauen Blüten, die sich zeitig im Jahr und manchmal erneut im Herbst öffnen. Dieses Gewächs ist sehr empfindlich gegen kalte Nässe; in kälteren Gebieten sollte es daher mit Winterschutz im Topf gezogen werden. Im Übrigen steht Rosmarin gerne vollsonnig in gut durchlässigem Boden. Ein regelmäßiger Formschnitt ist nötig, da der Halbstrauch aus altem Holz nicht wieder ausschlägt. In der Küche nutzt man Rosmarin als Würze für Lamm, geröstete Gemüse und pikante Brote.

Salbei *(Salvia officinalis)*
Salbei verwendeten die Shaker häufiger als alle anderen in der Küche. Sie würzten und konservierten damit Wurstfüllungen und verfeinerten damit Farcen für Truthahn und Huhn.
Dieses nützliche Kraut verlangt nach gutem fettem Boden, wo man es in Reihen von etwa zwei Fuß Abstand sät; ist es groß genug für die Verwendung in der Küche, beginnt man zu ernten und dünnt es gleichzeitig aus. Pflanzen, die den Winter überdauern sollen, sollten schließlich rundherum zwei Fuß Abstand haben. Sie können, mit Stroh oder Streu bedeckt, den Winter über stehen bleiben oder aber aufgenommen und im Keller überwintert werden. Nach dem ersten Jahr wachsen sie mehrere Jahre weiter und bilden Samen, doch alle drei oder vier Jahre sollte neu gesät werden, da junge Wurzeln die ertragreichsten Triebe hervorbringen.

Das Gartenhandbuch

In einem milderen Klima als dem Neuenglands übersteht Salbei den Winter ohne zusätzlichen Schutz. Setzen Sie ihn in volle Sonne in gut durchlässigen Boden. Während der Wachstumsphase sollten die Pflanzen regelmäßig entspitzt werden, damit sie buschig bleiben. Der Vorliebe der Shaker für dieses Kraut eingedenk setzte ich sechs Pflanzen in meinen Shaker-Garten, was sich als weitaus mehr erwies, als ich je verbrauchen kann – ein oder zwei Pflanzen sind im Allgemeinen reichlich. Salbei ist noch immer eine beliebte Würze bei Schweinefleischgerichten und Füllungen. Kurz in Butter geröstet sind seine Blätter köstlich auf Nudelgerichten, und seine Blüten verleihen Salaten Farbe und Aroma.

Garten-Bohnenkraut *(Satureja hortensis)*
Dieses Kraut ist eine traditionelle Zutat für sämtliche Bohnengerichte, ob von frischen oder getrockneten gekocht; die Shaker glaubten, es mache Bohnen grundsätzlich bekömmlicher.
Diese Pflanze wächst auf nahezu jedem Boden. Sie ist in Rillen in etwa zwölf bis vierzehn Zoll Abstand zu säen, so dass eine Hacke ungehindert dazwischenfahren kann. Sie soll frei von Unkraut sein – und geht sie zu dicht auf, so ist sie nach und nach auszudünnen, so wie sie gebraucht wird, und sie wird weiter keiner Mühe bedürfen. Zum Trocknen für den Winter ist sie während der Blüte zu schneiden und in einem oberen Stockwerk oder Dachboden auf dem Boden auszubreiten, wo sie luftig liegt und der Sonne nicht ausgesetzt ist. Ist sie ausreichend trocken, so binde man sie zu Büscheln und wickle sie in Papier oder aber verwahre sie in sauberen Beuteln zum späteren Gebrauch.

Das Gartenhandbuch

Garten-Bohnenkraut gedeiht am besten in voller Sonne. Dieses Kraut lässt sich besonders gut trocknen; es verliert dabei überhaupt nicht an Schärfe. Junge Dicke Bohnen, leicht mit Bohnenkraut gewürzt, sind ausgesprochen schmackhaft.

Zitronenthymian *(Thymus citriodorus)*
Thymus serpyllum, die Thymianart, die die Shaker gewöhnlich anbauten, ist in dem vorhergehenden Abschnitt über Heilkräuter aufgeführt, doch hier habe ich Zitronenthymian aufgenommen, weil er ein besonders gutes Küchenkraut ist. Auch diese Kräuterart mag weder Kälte noch Nässe – im Zweifelsfall sollte sie im Winter geschützt untergebracht und sparsam gegossen werden. Ausgepflanzt gedeiht Thymian am besten in kiesigem Boden in praller Sonne. Die Shaker würzten mit Thymian ihre Fleischgerichte. Heute wird er hauptsächlich als wichtiger Bestandteil von Bouquets garnis genutzt.

TEEKRÄUTER

„Der Gläubige soll keinerlei hochgeistige Getränke zu sich nehmen, weder als Getränk noch zu anderer Gelegenheit, es sei denn auf Befehl des Arztes."

DIE TAUSENDJÄHRIGEN GESETZE

REZEPT

Earl-Grey-Zitronenstrauch-Tee

Ein delikater, duftender Nachmittagstee, der sich frisch als Aufguss oder gezuckert und gekühlt als Eistee trinken lässt.

Zutaten

1 gehäufter Teelöffel Earl-Grey-Tee
6 Zitronenstrauchblätter
500 ml kochendes Wasser

Zubereitung

Den Tee und die Zitronenstrauchblätter in eine vorgewärmte Teekanne geben und mit dem kochenden Wasser aufbrühen. Fünf Minuten ziehen lassen und servieren.

Erfrischende gesundheitsfördernde Tees waren in den Shaker-Gemeinschaften beliebte Getränke zu einer Zeit, da „hochgeistige Getränke" verboten waren. Die Tradition, Kräuter wie Kamille und Minze zu einem Aufguss zu bereiten, war aus der Alten Welt mitgebracht worden. Diese Tradition wurde durch die Aufnahme neuer Pflanzen wie der Indianernessel *(Monarda didyma)* bereichert, welche den Shakern durch die Indianer nahe gebracht wurde. Ein sehr beliebter Tee, „Steeplebush" oder „Hardhack" genannt, wurde aus der nordostamerikanischen Filzigen Spierstaude *(Spiraea tomentosa)* aufgegossen, ein anderer namens „Liberty"- bzw. „New-Jersey-Tee" aus der Amerikanischen Säckelblume *(Ceanothus americanus)*.

Momentan erleben Kräutertees eine Renaissance, da wir uns mehr bemühen, die schädlichen Wirkungen von Koffein, zuckerhaltigen und „hochgeistigen" Getränken zu meiden, und in den Vorratsschränken der meisten Häuser findet sich eine Auswahl kommerziell produzierter Teekräuter. Viele davon sind leicht selbst zu ziehen, und selbst auf äußerst beschränktem Raum lässt sich ein kleiner Teekräutergarten anlegen.

Es gibt nichts Einfacheres als von frisch gepflückten Kräutern einen Aufguss zu bereiten. Man pflückt einige Blätter, spült sie sorgfältig unter kaltem Wasser ab und gibt sie in eine kleine Teekanne oder einen Becher. Darüber gibt man leicht abgekühltes (nicht mehr kochendes) Wasser und lässt es 5–10 Minuten ziehen. Bereitet man den Aufguss in einem Becher oder einer Tasse, so bedeckt man das Gefäß solange mit einer Untertasse, da sich sonst die ätherischen Öle verflüchtigen und die Geschmacksintensität verloren geht. Ein Aufguss lässt sich mit Honig oder Zucker süßen, doch die meisten sind auch ohne zusätzliche Süße sehr wohlschmeckend.

Jedes Kraut lässt sich allein oder als Mischung mit anderen Kräutern oder sogar herkömmlichen Tees zubereiten. Wem der Geschmack von Kamille unangenehm ist, der kann mit unterschiedlich großen Zugaben von Minze experimentieren, bis er das rechte Mischungsverhältnis gefunden hat.

Bei warmem Wetter können Kräutertees auch kalt getrunken werden, pur oder unter Zugabe von Eiswürfeln und einem frischen Zweig des Krauts – ein köstliches, erfrischendes und gesundes Getränk.

Links:

Zitronenstrauch

Der Zitronenstrauch (Aloysia triphylla) *ist ein wahrhaft königliches Teekraut. Aus seinen Blättern bereitet man ein duftiges, erfrischendes Getränk, das heiß oder kalt gleichermaßen mundet.*

Unten:

Krauseminze

Die Krauseminze (Mentha spicata) *hat einen feineren Geschmack als Pfefferminze. Minzetee wirkt beruhigend auf den Verdauungstrakt und entfaltet bei Müdigkeit eine leicht belebende Wirkung.*

Oben:

Salbei

Salbei war das Kraut, von dem die Shaker am allermeisten anbauten. Der Purpursalbei, Salvia officinalis 'Purpurascens', *ist nicht nur dekorativ, sondern auch als Tee sehr empfehlenswert. Mit Honig gesüßt, lindert er Halsschmerzen.*

Rechts:

Monarde (Bergamot)

Die leuchtenden Deckblätter der Indianernessel (Monarda didyma) *lassen nicht gleich an die Verwendung als Tee denken; gießt man sie mit den Blättern zusammen auf, erhält man „Oswego-Tee".*

Krauseminze *(Mentha spicata)*

Fenchel *(Foeniculum vulgare)*

Ausgewählte Teekräuter

Zitronenstrauch *(Aloysia triphylla)*
(syn. *Aloysia citriodora* syn. *Lippia citriodora)*
Kein Aufguss ist erfrischender als der, den man aus den Blätter des Zitronenstrauches bereitet. Er soll beruhigend auf die Schleimhäute wirken, doch schmeckt er so gut, dass man keines Leidens bedarf, um ihn erneut zu trinken. Zitronenstrauchblätter lassen sich ausgesprochen gut trocknen; mit heißem Wasser übergossen, nehmen sie sofort wieder das Aussehen frischer Blätter an.
Der Zitronenstrauch ist nur in sehr mildem Klima winterhart, wo er in mageren Boden zu setzen und sparsam zu gießen ist. Überall sonst ist er eigentlich eine Gewächshaus- oder Wintergartenpflanze, die man während der warmen Sommermonate an die frische Luft stellt. Ein Rückschnitt erfolgt im Frühjahr, sobald der neue Austrieb erscheint.

Fenchel *(Foeniculum vulgare)*
Fencheltee wirkt wunderbar beruhigend auf den Verdauungstrakt, stillt Schluckauf, verbessert den Atem und ist ein wirksamer Appetitzügler.
Fenchel ist eine bezaubernde Pflanze, für die man in jedem Garten ein Plätzchen finden sollte. Besonders attraktiv ist Bronzefenchel und ist ganz genau so zu verwenden wie die gewöhnliche grüne Sorte. Er gedeiht gut in beliebiger sonniger, fruchtbarer Lage. Aufgüsse unterschiedlicher Stärke lassen sich aus Blättern, Blüten und Samen bereiten, wobei die Samen den stärksten Geschmack ergeben. Wenn die Blätter im Herbst absterben, schneidet man die Stiele auf 20 cm zurück. In kalten Gegenden ist es empfehlenswert, die Wurzeln auszugraben und den Winter über frostfrei zu lagern oder aber die Pflanzen mit einer dicken Mulchdecke zu schützen.

Echte Kamille *(Matricaria recutica)*
(syn. *M. chamomilla)*
Kamillentee kennen die meisten als ein beruhigendes Getränk vor dem Zubettgehen. Der Geschmack ist gewöhnungsbedürftig, doch Beharrlichkeit zahlt sich aus, da das Kraut seine besänftigenden und beruhigenden Eigenschaften vollkommen frei von Nebenwirkungen entfaltet.
Es gibt mehrere Arten der Kamille, deren Namen Verwirrung stiften können. Die Echte Kamille, *Matricaria recutica* (syn. *M. chamomilla)*, wird für Aufgüsse und als Heilkraut benutzt; sie ist eine aus Samen zu ziehende einjährige Pflanze.
Die Samen sind äußerst fein und sollten zur Aussaat, die im Frühjahr oder Herbst möglichst bei feuchter Witterung erfolgt, mit Sand vermischt werden. Hat die Echte Kamille erst im Garten Fuß gefasst, so sät sie sich willig wieder aus – zwar nicht immer dort, wo man sie haben will, doch da diese Pflanze nicht nur der eigenen Gesundheit, sondern auch der des Gartens förderlich ist, lohnt es sich sie zu tolerieren, auch wenn dieses die Shaker-Ordnung stört. Kamille blüht zwischen Mai und Oktober acht Wochen nach der Aussaat. Die Blüten werden bei warmer, trockener Witterung geerntet, sobald sie vollständig erblüht sind, und in einem trockenen, gut durchlüfteten Raum in einfacher Lage auf einem Gestell getrocknet. Unnötiges Berühren ist zu vermeiden, da sie leicht zerfallen. Sind die Blüten vollständig getrocknet, werden sie in einem lichtundurchlässigen Behälter luftdicht verschlossen. Auf eine Tasse Tee nimmt man einen Teelöffel getrocknete Kamillenblüten.

Monarde oder Indianernessel *(Monarda didyma)*
„Oswego-Tee" war ein bei den Indianern beliebtes Getränk; sie machten die Shaker mit diesem Kraut bekannt. Man muss dazu sagen, dass es besser riecht als schmeckt, doch wie bei der Kamille ist dies vielleicht auch nur eine Frage der Gewöhnung. Der Geschmack der Blütenblätter ist etwas milder als derjenige der Blätter. Der Tee soll eine beruhigende, entspannende Wirkung haben. Blätter wie auch Blüten lassen sich gut trocknen.
Die Monarde bevorzugt fruchtbaren, feuchten Boden und gedeiht nicht in praller Sonne. Wenn möglich, sollte sie alljährlich im Spätsommer geteilt werden. Dabei sondert man die Mitte der Staude aus und pflanzt die frischen jungen Randstücke.

Zitronenmelisse *(Melissa officinalis)*
Erweist sich der Zitronenstrauch als zu schwierig, so kann man statt dessen Zitronenmelisse pflanzen; der Tee schmeckt jedoch deutlich weniger nach Zitrone. Die Shaker benutzten ihn als leicht fiebersenkendes Mittel.
Wie die Minze, so lässt sich auch die Zitronenmelisse nur schwer in Grenzen weisen, sobald sie Fuß gefasst hat. Am besten nimmt man sie alle zwei bis drei Jahre im Frühherbst heraus und teilt sie. Sie sät sich außerdem sehr leicht aus. Junge Pflänzchen lassen sich einfach entfernen, doch wird dies schwieriger, je mehr Zeit man ihnen zum Anwachsen lässt. Zitronenmelisse wächst in fast jedem Boden und unter fast allen Bedingungen, gedeiht jedoch im Halbschatten am besten – zu viel Sonne lässt die Blätter vergilben, zu wenig schadet dem Aroma. Im Herbst schneidet man die Pflanze vollkommen zurück und mulcht mit Kompost. In kalten Gegenden muss Zitronenmelisse alljährlich aus Samen gezogen werden.

Krauseminze *(Mentha spicata)*
Minzetee ist auf der ganzen Welt beliebt und wurde schon lange vor den Shakern angewendet. Seine erfrischenden Eigenschaften allein sind Grund genug, ihn zu trinken, doch er wirkt auch positiv auf den Verdauungstrakt und ist ein wirksames Mittel gegen Übelkeit.

Indianernessel *(Monarda didyma)*

Minze ist eines der unproblematischsten Kräuter; das einzige Problem besteht darin, sie in ihre Schranken zu verweisen hat sie einmal Fuß gefasst, entwickelt sie geradezu imperialistische Eigenschaften. Im Shaker-Garten – genau genommen in jedem Garten – pflanzt man sie am besten entweder in einen Behälter oder aber in ein Beet, dessen Rand man tief mit Schieferplatten absteckt, damit sie nicht daraus entkommt. Minze sollte in fruchtbaren, halbschattigen Boden gesetzt werden, da sie kühle Wurzeln bevorzugt. Bei Trockenheit ist regelmäßig zu gießen. Bei der Ernte lässt man 10 cm des Stängels stehen, damit er wieder neu ausschlägt. Im Herbst schneidet man die Pflanze vollkommen zurück und gibt ihr eine Kopfdüngung mit hochwertigem Kompost. Wer will, topft ein Stück ein und bringt es ins Haus, um auch während des Winters Minze zur Verfügung zu haben.

Purpursalbei

(Salvia officinalis 'Purpurascens')

Salbei war während des Mittelalters als Tee beliebt, da man glaubte, er bewahre dem Menschen im Alter einen agilen Geist. Die neuere Forschung scheint zu bestätigen, dass dies tatsächlich der Fall ist und dass Salbeitee bei regelmäßigem Genuss möglicherweise sowohl Senilität als auch die Alzheimerkrankheit verhindern kann. Die Indianer tranken einen Salbeiaufguss bei Husten, Erkältungen und Nervenleiden; bei den Shakern war er eines der beliebtesten Heilmittel. Sie bauten den gewöhnlichen Echten Salbei *(Salvia officinalis)* an, doch dem Purpursalbei schreibt man heute eine stärkere Wirkung zu. Beim Gebrauch als Husten- und Erkältungsmittel und gegen Halsweh ist dem Aufguss Honig zuzufügen. Für den Winter trocknet man die Blätter an einem kühlen, luftigen Ort.

Salbei gedeiht am besten in vollsonniger Lage in gut durchlässigem Boden. Schwere Böden sollten mit grobem Split gemischt werden. In milderem Klima ist er ausgesprochen winterhart, doch in kälteren Gegenden ist der Rat der Shaker sinnvoll, die Pflanzen anzuhäufeln oder aber die Wurzeln auszugraben und in einem Wurzelkeller zu überwintern. Im nächsten Jahr teilt man sie und pflanzt sie wieder aus. Salbei lässt sich auch durch Wurzelstecklinge oder Absenken vermehren. Nach vier bis fünf Jahren lässt die Kraft der Pflanzen im Allgemeinen nach, und sie sollten ersetzt werden.

„Vor vierzig Jahren war es wider die ‚Regeln',

die unser Leben bestimmten, nutzlose

Blumen zu ziehen, doch es war ein Glück für

diejenigen von uns, welche sie liebten,

dass es viele Pflanzen gibt,

welche schön gleichwie nützlich sind."

SCHWESTER MARCIA BULLARD,
GOOD HOUSEKEEPING
(Juli 1906)

BLUMEN

Tropaeolum majus

„Die Rosensträucher waren entlang der Straße gepflanzt, die unser Dorf durchquerte, und wurden von den Durchreisenden sehr bewundert, doch uns wurde sehr eingeschärft, dass eine Rose nützlich und nicht schmückend sei. Sie sei nicht dazu geschaffen worden, uns durch ihre Farbe oder ihren Geruch zu entzücken; ihre Mission sei es, zu Rosenwasser verarbeitet zu werden, und wenn wir anders darüber dachten, so machten wir einen Götzen daraus und brachten unsere Seele in große Gefahr."

SCHWESTER MARCIA BULLARD

Dieses Zitat lässt deutlich werden, wie sehr die Shaker allem misstrauten, was rein dekorativen Charakter hatte. Obgleich die *Tausendjährigen Gesetze* (1845) nicht ausdrücklich die Blumenzucht untersagten, scheinen die meisten Gemeinschaften sie doch auf jene Blüten beschränkt zu haben, für die sich ein Nutzen finden ließ. Es ist offensichtlich, dass selbst die gewohnheitsmäßig gehorsamen Shaker manches Mal die Einschränkungen, denen sie unterlagen, als drückend empfanden, und es schimmert ein wenig Rebellion hindurch, wenn Schwester Bullard sich erinnert, dass es „ein Glück [war] für diejenigen von uns, welche sie liebten, dass es viele Pflanzen gibt, welche schön gleichwie nützlich sind". Aus unserem modernen Blickwinkel stimmt die Vorstellung traurig, dass jene frühen Shaker fürchteten, durch einen Moment des Gefallens am Anblick oder Duft einer schönen Blume ihre Seele zu gefährden, doch zu ihrer Zeit war ein solches Verbot nicht ungewöhnlich.

Nach dem Bürgerkrieg lockerten sich die Regeln der Shaker bezüglich der Pflanzen, die zugelassen bzw. nicht zugelassen waren, und auf alten Fotos sieht man die ehemals schlichte Umgebung der Wohnhäuser mehr und mehr von immer näher rückenden Blumengärten und sogar blumenberankten Pergolen und Veranden geschmückt. Dieses geschah zur selben Zeit, als die Zahl der Männer in der Shaker-Bewegung langsam aber unaufhaltsam zurückging. Es ist gut möglich, dass es die in immer stärkerem Maße weibliche Mitgliedschaft war, die zuließ, dass Blumen gepflückt und ins Haus gebracht wurden und einen Blumengarten als angemessene Freizeitbeschäftigung für Schwestern und junge Mädchen betrachtete. Auch spiegelt sich darin die zunehmende „Viktorianisierung" des Shakerlebens wider.

Während sich die Shaker bisher darauf konzentriert hatten, Samen von Heilkräutern und Gemüse zu ziehen, begannen jetzt die Gemeinschaft in Canterbury, Zierpflanzensaat zu ernten. Diese Saat fand, farbenfroh verpackt, in der „Welt" einen regen Absatz, und es gibt Aufzeichnungen über viele Arten, darunter Wicken, Stockrosen, Steinkraut, Zinnien und Petunien.

Gegenüber:

Nützliche Rosen

Rosen wurden grundsätzlich ohne Stiel gepflückt, damit niemand versucht war, eine Blüte ans Kleid zu stecken oder in eine Vase zu stellen.

Links:

Blumenernte

Die Arbeitskraft der Kinder war ein wichtiger Beitrag für die Gemeinschaft; die Mädchen wurden regelmäßig zum Blumenpflücken eingesetzt. Die Blumen auf den Feldern boten einen lieblichen Anblick, doch die Arbeit war äußerst mühsam.

TROCKENBLUMEN

„Wir hatten stets ausgedehnte Mohnbeete, und früh am Morgen, bevor die Sonne am Himmel stand, sah man die Schwestern in ihren weißen Hauben sich inmitten der scharlachroten Blüten herabbeugen, um jene Kapseln anzuritzen, von denen die Blütenblätter gerade abgefallen waren."

SCHWESTER MARCIA BULLARD

Von links nach rechts:
Pfingstrose
Getrocknet nimmt die Pfingstrosensorte 'Sarah Bernhardt' ein intensives Tiefrosa ein.
Rainfarn
Das leuchtende Gelb der Rainfarnblüten bleibt auch nach dem Trocknen erhalten.
Karde
Die Karde ist mit der Artischocke verwandt; ihre Distelblüten sind höchst dekorativ.

Diese Beschreibung der Shaker-Schwestern, wie sie zwischen den Mohnblumen arbeiteten, beschwört ein impressionistisch schönes Bild herauf. Man ist leicht versucht ihr Leben zu romantisieren, doch in Wirklichkeit leisteten sie schwerste Knochenarbeit, indem sie die Samenkapseln für die Ernte von Opium präparierten, einem wichtigen medizinischen Erzeugnis. Dass die Mohnkapseln dekorativ waren, war für die Arbeit, die sie beschäftigt hielt, vollkommen irrelevant.

Es gab viele andere Blumen, die angebaut und zur Weiterverarbeitung zu Medizin, Tinkturen und Blütenwasser getrocknet wurden. Der *Jährliche Großhandelskatalog* von Union Village, Ohio, aus dem Jahr 1850 führt unter anderem Osterglocken, Rittersporn, Studentenblumen, Indianernessel, Wilden Majoran und Rainfarn auf. Wie bei den Feldfrüchten so kümmerten sich auch hier die Männer um den Anbau, während Frauen und Kinder für das Sammeln und Trocknen zuständig waren. Die geernteten Blumen wurden zur Reinigung in das Kräuterhaus gebracht und dann weiterverarbeitet oder aber auf Gestellen oder in einem Ofen getrocknet, um dann zu Blöcken gepresst und verkaufsfertig verpackt zu werden.

Heute trocknen wir Blumen um ihrer lang andauernden Schönheit willen – und um ganz ehrlich zu sein, kann man sich nur schwer etwas weniger Funktionelles als einen Strauß Trockenblumen vorstellen; doch mit der pragmatischen, kaufmännischen Weise, in der die Shaker der „Welt" gegenübertraten, hätten sie wahrscheinlich auch hier das kommerzielle Potenzial erkannt und bessere Trockenblumen hergestellt als irgendwer sonst!

Die Blumen, die ich für den Shaker-Garten ausgewählt habe, waren ausnahmslos den Shakern bekannt, wenn sie sie auch anders genutzt hätten. Ich habe sie nicht gesondert gepflanzt, sondern in Staudenpflanzungen integriert.

Beherrscht man erst einmal die Techniken des Blumentrocknens, so stellt man fest, dass die selbst getrockneten Blüten den meisten käuflichen bei weitem vorzuziehen sind. Mit ihren natürlichen Farben sind sie unendlich viel schöner als die grell gefärbten Blüten, die in den Geschäften zu überwiegen scheinen.

Links:
Sonnenblume
Im Garten aufgehängte trockene Sonnenblumenköpfe locken Vögel an.

Rechts:
Artischocken und Lavendel
Will man die Farben der Blüten erhalten, so sollte man sie nicht im Licht trocknen.

Rechts:

Mohnkapseln

Mohnblüten lassen sich nicht trocknen, denn sie verlieren ihre Blütenblätter, doch die Kapseln sind gut haltbar.

Oben:

Trockengestell in Hancock

Diese Gestelle im Shaker-Dorf Hancock wurden speziell zum Trocknen der Kräuter angefertigt.

Gegenüber:

Lavendelring

Ein mit Lavendelblüten bestückter Draht ist ebenso dekorativ wie aromatisch.

Blumen trocknen mit Erfolg

Trocknet man zum ersten Mal Blumen, so muss man schon ein wenig experimentieren. Bei manchen wie Mohnblüten und Lavendel ist es unglaublich einfach, während man anderen, wie Rosen und Pfingstrosen, ein wenig mehr Aufmerksamkeit widmen muss, will man gute Resultate erzielen.

Die Blüten sollten bei schönem, trockenem Wetter früh am Tag gepflückt werden, nachdem der Tau abgetrocknet ist. Wie lange eine bestimmte Blume zum Trocknen benötigt, hängt von ihrem Feuchtigkeitsgehalt ab – papierdünne Blüten trocknen schnell, fleischige wesentlich langsamer. Die meisten lassen sich erfolgreich an einem warmen, trockenen Ort aufbereiten, wie über dem Heizkessel oder in einem Trockenschrank; zu meiden sind Räume mit hoher Luftfeuchtigkeit wie Badezimmer, da die Blumen dort eher faulen als trocknen. Sobald die Blüten vollständig trocken sind, sind sie dunkel und vor Feuchtigkeit geschützt aufzubewahren, um gut erhalten zu bleiben.

Lavendel *(Lavandula)*
Lavendel wird gepflückt, bevor die Einzelblüten vollständig geöffnet sind; Haushaltsgummis halten die Bündel zusammen, auch wenn die Stiele beim Trocknen schrumpfen. Lavendel sollte beim Trocknen kühl und luftig aufgehängt sein, wie an den Dachbalken eines Schuppens oder in einem Flur, wo er gut vor direkter Sonne geschützt ist.

Pfingstrose *(Paeonia)*
Pfingstrosen werden gepflückt, wenn sie voll erblüht sind. Sie sind einzeln kopfüber vor Licht geschützt an einem warmen, trockenen Ort aufzuhängen. Fühlen die Blüten sich trocken an, so legt man sie bei niedrigster Temperatur vier Stunden in den Backofen, damit auch die Blütenmitte mit Sicherheit trocken ist. Bewahren Sie sie in Schachteln zwischen Seidenpapier auf, damit Sie nicht zerdrückt werden.

Mohn *(Papaver)*
Mohnkapseln lässt man entweder an der Pflanze ausreifen oder pflückt sie, nachdem die Blütenblätter abgefallen sind. Sie werden bündelweise an einem warmen, trockenen Ort aufgehängt.

Rose *(Rosa)*
Rosen werden gepflückt, wenn sie leicht geöffnet sind. Die unteren Blätter und sämtliche Dornen sind zu entfernen, bevor man sie zu losen Sträußen bindet. Man trocknet die Sträuße kopfüber an einem warmen, trockenen, vor Licht geschützten Ort. Um getrocknete Rosen voll erblüht aussehen zu lassen, halte man sie über dampfendes Wasser. Die Blütenblätter werden auf diese Weise weich und lassen sich sanft mit einem Zahnstocher entfalten; beim neuerlichen Trocknen werden sie wieder steif.

Selbst angefertigtes Lavendelherz

Getrocknete Lavendelblüten verwandeln einen zu einer Herzform gebogenen Draht in einen einfachen Schmuck. Jede andere Trockenblume oder sogar Kräuter, wie z. B. Salbei, lassen sich ebenso effektiv verwenden.

Material

etwa 1 m mittelstarker ummantelter Bindedraht • Floristen-Klebeband • grüner Kunstbast • getrockneter Lavendel

Ausführung

1. Den Draht zu einer Herzform biegen und die offenen Enden fest mit Floristen-Klebeband umwickeln.

2. Mit dem Kunstbast jeweils vier oder fünf Lavendelähren mit etwa 5cm langem Stängel zu einem kleinen Büschel zusammenbinden. Davon werden etwa 35 benötigt.

3. Zwei Lavendelbüschel so an die Herzspitze binden, dass die Blüten gegeneinander stoßen und die Spitze vollständig bedeckt ist.

4. Von oben beginnend ein Lavendelbüschel fest auf den Draht binden und dabei so positionieren, dass die Blüten zur Herzmitte weisen.

5. Mit dem nächsten Lavendelbüschel die Stängel überdecken; festbinden. Weiter fortfahren, bis die Seite vollständig bedeckt ist; danach auf der anderen Seite ebenso verfahren.

Schnittblumen

„Auf dass wir nicht versucht waren, eine Rose am Kleid zu befestigen oder sie in Wasser zu stellen, lautete die Regel, dass die Blüte ohne jeden Stiel zu pflücken sei."

Schwester Marcia Bullard

Große Sterndolde *(Astrantia major)*

Bartnelke *(Dianthus barbatus)*

Wicke *(Lathyrus matucana)*

Rose *(Rosa)*

Ich bin froh, dass Schwester Marcia lange genug lebte, um ein weniger restriktives Shaker-Leben zu erfahren, in dem sie sich an Blumen erfreuen durfte ohne ihre Seele zu gefährden. In Anbetracht der vorausgegangenen Beschränkungen hat ihr ein schlichter Rosenstrauß aus dem Garten gewiss eine ganz besondere Freude bereitet. Obgleich die frühen Shaker nie Rosen für die Vase schnitten, waren sie für die Gemeinschaften schon immer ein wichtiges Erzeugnis. Aus ihren Blütenblättern wurde hauptsächlich Rosenwasser erzeugt, welches in der Küche und bei der Heilkunde zum Einsatz kam.

Rosenöl

Um Rosenöl zu erhalten *nehme man ein großes Glas und fülle es mit sauberen Rosenblüten. Man bedecke sie mit klarem Wasser und stelle sie tagsüber in die Sonne; während der Nacht bringe man sie ins Haus. Dies tue man 7 Tage lang, worauf das Öl auf der Oberfläche schwimmt. Man nehme dieses mit etwas Watte an einem Stab ab und drücke es in eine Phiole aus und verschließe diese fest.* Ein Shaker-Rezeptbuch, 1859 (Mit dieser Methode erhält man winzigste Mengen an Öl, will man nicht in großem Maßstab arbeiten.)

Ein „ewiges" Schnittblumenbeet

Ein solches Beet ausschließlich mit Sorten zu bepflanzen, die in den Aufzeichnungen der Shaker erwähnt werden, wäre eine arge Beschränkung; daher habe ich mir die Freiheit genommen, moderne Sorten und Züchtungen mit aufzunehmen – so sind z. B. die Rosen wiederblühende Sorten im Gegensatz zu jenen, welche die Shaker zogen. Wie bereits gesagt, ist dieses Buch keine Übung in historischer Exaktheit, und mich bestärkt die Tatsache, dass die Shaker mit ihrer Vorliebe für Innovation und Fortschritt immer gerne Neuerungen aufnahmen. Ich habe außerdem den einjährigen Schlafmohn *(Papaver somniferum)* und den zweijährigen Fingerhut *(Digitalis purpurea)* mit einbezogen, da sie sich willig zwischen den Stauden aussäen.

Bodenvorbereitung

Den Boden für einen längerfristig angelegten Staudengarten sollte man im Herbst sorgfältig vorbereiten. Der Boden wird gesäubert und vorsichtig umgegraben, um hartnäckiges Unkraut zu entfernen. Dann gut verrotteten Mist oder mit Knochenmehl versetzter Kompost als Langzeitdünger einarbeiten. Schwere Böden profitieren von grobem Sand oder Kies.

Die Staudenrabatte als Schnittblumenbeet

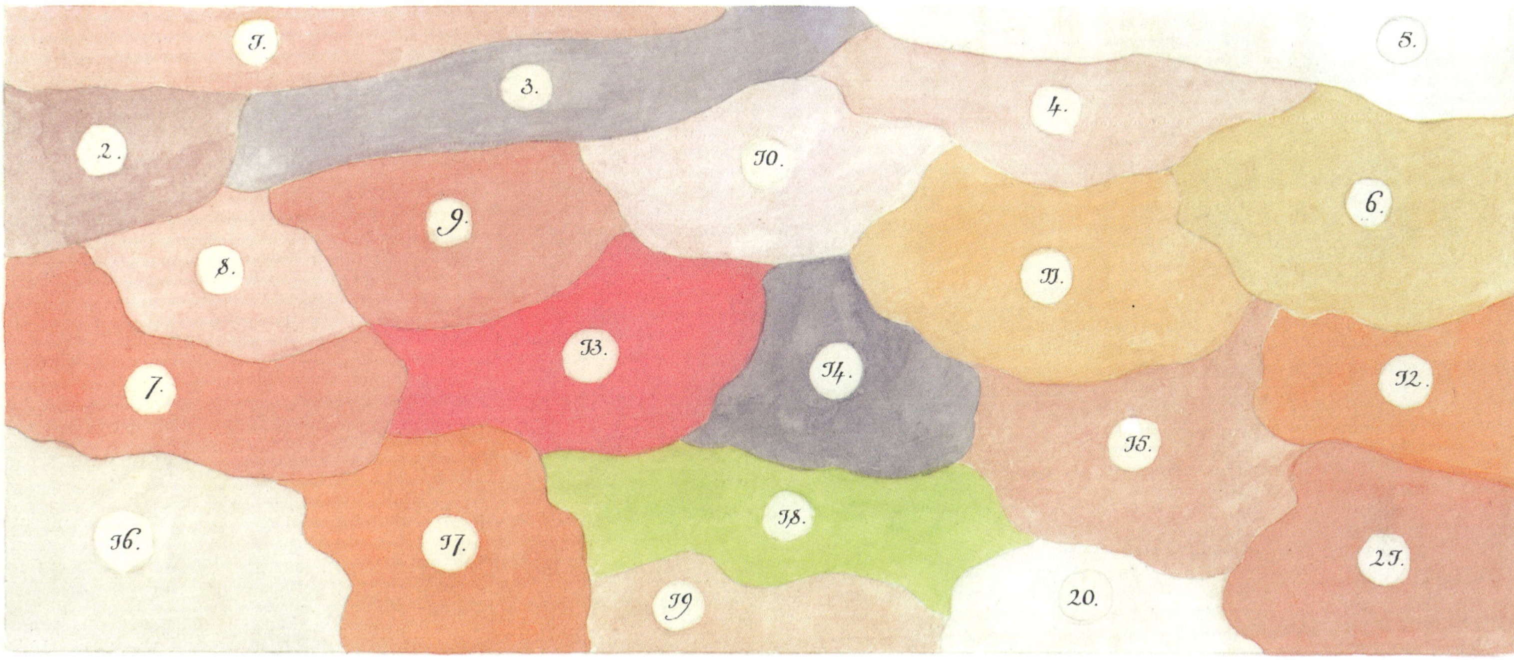

Beetplan

1. Rose – (*Rosa* 'New Dawn') (rosa angehaucht)
2. Fingerhut – *(Digitalis purpurea)* (rosa/purpurrot)
3. Eisenkraut – *(Verbena bonariensis)* (violett)
4. Herbstanemone – *(Anemone japonica)* (rosa/weiß)
5. Kletterrose – *(Rosa* 'Climbing Iceberg') (weiß)
6. Bronzefenchel – *(Foeniculum vulgare)* (bronzefarben)
7. Pfingstrose – *(Paeonia* 'Sarah Bernhardt') (altrosé)
8. Mohn – *(Papaver somniferum* 'Pink Chiffon') (rosa)
9. Gefleckter Phlox – *(P. maculata* 'Eva Callum') (tiefrosa)
10. Gefleckter Phlox – *(P. maculata* 'Omega') (weiß mit rosa Auge)
11. Rose – *(Rosa* 'Perle d'Or') (apricot)
12. Bartfaden – *(Penstemon* 'Garnet') (rot)
13. Bunte Wucherblume – *(Chrysanthemum coccineum)* (syn. *Tanacetum coccineum)* 'Brenda' (grellrosa)
14. Lavendel – Lavandula 'Hidcote' (violett)
15. Fetthenne – *(Sedum spectabile)* (rosarot)
16. Zitronenkraut – *(Artemisia abrotanum)* (silbergrau)
17. Große Sterndolde – *(Astrantia major rubra)* (rot)
18. Frauenmantel – *(Alchemilla mollis)* (hellgrün)
19. Nelke – *(Dianthus* 'Doris') (rosa)
20. Hundskamille – *(Anthemis cupaniana)* (weiß)
21. Schafgarbe – (*Achillea millefolium* 'Paprika') (pink-orange)

Montbretie *(Crocosmia masoniorum)*

Jasminblütiger Kletternachtschatten *(Solanum jasminoides album)*

Bartfaden *(Penstemon* 'Garnet')

Federnelke *(Dianthus* 'Mrs sinkins')

Links:

Altes Zinn

Die leuchtenden Farben von Wicken und violett-blauer Verbena bonariensis *sprühen geradezu vor dem stumpfen Silbergrau des alten Zinns.*

Unten:

Starke Farben

Ein bunter Gartenstrauß vereint manchmal Blüten, die in einem Floristen-Strauß nur selten anzutreffen wären – in diesem Fall ist Schafgarbe in verschiedenen Farben mit intensiven Pelargonienblüten kombiniert.

Oben:

Haltbarkeit

Alle Schnittblumen sollten vor dem Arrangieren tief ins Wasser und kühl gestellt werden; anderenfalls verkürzt sich ihre Haltbarkeit in der Vase erheblich.

Rechts:

Leuchtende Margeriten

Dieses kleine Sträußchen aus Bauernblumen verlangt nach keiner kunstvollen Vase. Die blassgelben Margeriten und auffallend gestreiften Tagetes stehen in ihrem Marmeladenglas auf dem Gartentisch ausgesprochen hübsch da.

Stauden auswählen und pflanzen

Beim Kauf von Pflanzen ist man leicht verleitet, das jeweils größte Exemplar zu nehmen, besonders wenn es von Blüten übersät ist; doch ist dieses nicht zu empfehlen, da Pflanzen bei der Umstellung größerem Stress ausgesetzt sind, je weiter sie entwickelt sind. Außerdem sollte man bedenken, dass viele Stauden alle drei Jahre geteilt werden müssen, wenn ihre Blühwilligkeit erhalten bleiben soll – der Kauf einer großen Pflanze verkürzt lediglich die Zeit, bis dieses nötig wird.

Mit einer Herbstpflanzung gibt man den Pflanzen die Gelegenheit, gut einzuwurzeln, ohne dass Blätter und Blüten mit den Wurzeln um Wasser und Nährstoffe konkurrieren. Die Pflanzen sollte man in einer guten Gärtnerei kaufen, wo jemand die getroffene Auswahl überprüft und darauf hinweist, wenn etwas für die jeweilige Klimazone ungeeignet ist, und Alternativen vorschlägt. Auch in der Ruhephase sollten Pflanzen ein gutes Wurzelgeflecht aufweisen; dieses sollte jedoch nicht den gesamten Topf ausfüllen oder aus dem Topfboden hervorschauen.

Zum Pflanzen gräbt man ein Loch, das groß genug für den Wurzelballen ist, und achtet darauf, dass die Pflanze genau so weit aus dem Boden schaut wie vorher. Wässern Sie jede Pflanze, bevor das Loch mit Erde aufgefüllt wird. Danach wird die Erde an den Seiten gut angedrückt, damit keine Luftlöcher zwischen Ballen und Erdreich verbleiben. Ein schützender Mulch aus kompostiertem Material unterdrückt Unkraut und gibt der Pflanze etwas Winterschutz. Im Frühling sollte jedes Jahr oberflächlich mit Fisch-, Blut- und Knochenmehl gedüngt und mit Kompost gemulcht werden. Dadurch wird der Gießbedarf in der Wachstumsphase reduziert.

Pflanzenstützen

Im Frühjahr wachsen Pflanzen schnell, und sie wollen recht bald gestützt sein, wenn sie aufrecht wachsen und nicht umfallen sollen. Es gibt viele handelsübliche Pflanzenstützen, doch Reisig sieht viel netter aus. Man steckt es in den Boden, wenn der Neuaustrieb etwa 15 cm hoch ist. Im Wachsen verdecken die Pflanzen die Zweige, doch sie werden bei fast jedem Wetter aufrecht stehen bleiben.

Pflücken und Konditionieren von Blumen

Blumen pflückt man, solange es kühl ist, und zwar möglichst morgens. Sobald sie geschnitten sind, stellt man sie mindestens vier Stunden oder besser noch über Nacht tief in kühles, jedoch nicht kaltes Wasser, wenn möglich dunkel. Dies bezeichnet man als Konditionieren – es sorgt dafür, dass die Schnittblumen gut halten und in der Vase nicht den Kopf hängen lassen. Beim Blumenarrangieren sind alle Blätter zu entfernen, die sonst ins Wasser reichten. Die Zugabe von jeweils einem Teelöffel Zucker, Bleichmittel und Essig verringert die Bakterien in dem Wasser und verlängert die Freude an den Schnittblumen um ein Weiteres.

Gartenaurikel
Wirklich, gesunde, blühwillige Pflanzen erhält man bei einem angesehenen Gärtnerbetrieb; man sollte sich bei der Wahl von den für die spezifischen Wachstumsbedingungen geeigneten Pflanzen von fachkundigem Rat leiten lassen.

Teilen der Pflanzen

Nach drei Jahren müssen manche Pflanzen, darunter Phlox, Rainfarn und Schafgarbe geteilt werden, um blühfreudig zu bleiben. Dieses sollte im Spätherbst oder im zeitigen Frühjahr erfolgen. Man hebt die ganze Pflanze heraus und nimmt Teile vom Rand ab, die man entweder wieder einpflanzt oder zur Weitergabe an Freunde in Töpfe setzt. Die Staudenmitte sollte aussortiert werden.

Das Sommerblumenbeet

Es gibt nur wenige Aufzeichnungen über einjährige Blumen in frühen Shaker-Gärten, doch in späteren Samenkatalogen sind einige aufgelistet. Diese Sommerblumen wurden in geraden Reihen gezogen, wo die Blüten ausreiften; die Saat wurde dann abgepackt und an die „Welt“ verkauft. Die Shaker, die mit diesen Blumen arbeiteten, wurden bestimmt oft in Versuchung geführt – der berauschende Duft und die zarte Schönheit der Wicken, die leuchtende Farbkraft der Zinnien und der Moschusduft der Petunien lassen sich nur schwer ignorieren und haben gewiss manches Mal für seelischen Zwiespalt gesorgt, während die Shaker sich mühten, der verführerischen Schönheit der Blumen zu widerstehen.

Rechts:
Sommerblumen-Sträußchen
Einjährige Blütenpflanzen sind unvergleichlich produktiv. Sie bringen reichlich Blüten für das Heim hervor und außerdem noch genug, um Freunde und Verwandte mit kleinen Sträußchen zu überraschen.

Gegenüber:
Pflanzplan
Man kann das Sommerblumenbeet natürlich nach Art der Shaker in geraden Reihen bepflanzen, doch dieser Flickenteppich mit seinem Zickzackpfad kommt dem heutigen Geschmack eher entgegen.

Glücklicherweise können wir, wie auch die späteren Shaker uns über Blumen freuen, ohne unser Seelenheil zu gefährden. Ist der Garten groß genug, so ist es lohnenswert, ein Beet mit Einjährigen anzulegen oder ein Eckchen des Gemüsegartens diesen Blumen zu überlassen. Sommerblumen können im Staudenbeet schwierig sein, wo sie mit anderen Pflanzen um den Platz konkurrieren, und es ist manchmal schwierig, zwischen Blumensämlingen und Unkräutern zu unterscheiden.

Gute Bodenvorbereitung ist für Einjährige ganz besonders wichtig, wenn sie dort gesät werden, wo sie später blühen. Sie gedeihen am besten in feinkrumiger Erde, die mit Kompost angereichert und sehr fein geharkt wurde. Wenn möglich, sollte man den vorbereiteten Boden mit Abdeckvlies bedecken und vor der Saat zwei bis drei Wochen ruhen lassen. So kann Unkraut aufgehen, das man dann hacken und vor der Aussaat abharken kann.

Sommerblumenbeet

1. 'Liebling der Aurora' *(Tithonia rotundifolia)*
2. Sonnenblume *(Helianthus annuus)*
3. Löwenmäulchen *(Antirrhinum Sp.)*
4. Ringelblume (*Calendula officinalis*)
5. Zinnie *(Zinnia elegans)*
6. Dahlie *(Dahlia)*
7. Schmuckkörbchen *(Cosmos bipinnatus)*
8. Kapuzinerkresse *(Tropaeolum majus)*
9. Wicke *(Lathyrus odoratus)*
10. Rittersporn *(Consolida ambigua)*
11. Muschelblume *(Moluccella laevis)*
12. Kornblume *(Centaurea cyanus)*
13. Jungfer im Grünen *(Nigella damascena)*
14. Große Wachsblume *(Cerinthe major purpurascens)*

In Gegenden mit sehr kurzer Vegetationsperiode kann es notwendig sein, die Samen unter Schutz zu säen und die Sämlinge einzutopfen, bevor man sie in das genügend erwärmte Freiland setzt. Gleichgültig ob man die Pflanzen unter Schutz oder draußen sät, wichtig ist, die Sämlinge entsprechend der Empfehlungen auszudünnen, sonst hat man am Ende viele kümmerliche Pflänzchen anstelle der farbenfrohen Pracht, die man sich erträumte. Wie das *Gartenhandbuch* anweist: „Pflanzen zu dicht stehen zu lassen ist ein weit verbreiteter Irrtum, dem Gärtner sehr gern verfallen."

Kalifornischer Goldmohn *(Eschscholzia californica)*

Tithonie *(Tithonia rotundifolia)*

Jungfer im Grünen *(Nigella damascena)*

Ausgewählte Sommerblumen

Mein Plan für ein Sommerblumenbeet ist ein Kompromiss zwischen der Liebe der Shaker für Ordnung und Symmetrie und der heutigen Vorliebe für einen weniger strengen Ansatz. Ich habe die Blumen nicht in geraden Reihen gepflanzt, sondern einen bunten Teppich aus Farben angelegt, der dem heutigen Geschmack eher entspricht, bei dem sich die intensiven, warmen Farben auf der einen und sanftere, kühlere Farben auf der anderen Seite des Holzpfades befinden.

Sowohl die Tithonia als auch die Sonnenblumen werden ziemlich hoch und stehen am besten vor einer Mauer oder einem Zaun; die Wicken dagegen benötigen ein Rankgerüst. Alle anderen Pflanzen profitieren von Stützreisern, um nicht irgendwann umzusinken. Ein Sommerblumenbeet sollte geschützt und sonnig gelegen sein; dem gut durchlässigen Boden sollte eine Anreicherung mit Kompost und eine Kopfdüngung mit Horn-, Knochen- oder Blutmehl zuteil werden. Die folgenden Blumen eignen sich alle gut zum Schnitt für die Vase; sie ergänzen somit das Schnittblumenbeet.

Löwenmäulchen *(Antirrhinum majus)*
Das Löwenmäulchen ist eine leicht zu ziehende, seit langem beliebte Pflanze, die es in jeder Farbe von Schneeweiß bis zu dunklem Schwarzrot und in unterschiedlichen Wuchshöhen von hoch bis zur Zwergform gibt. Rostresistente Sorten sind erhältlich und vorzuziehen. Man sät im späten Frühjahr ins Freiland oder eher unter Glas. Sind die Pflanzen 15 cm hoch, knipst man die Spitzen aus, damit sie sich verzweigen. Regelmäßiges Ausputzen fördert die Bildung neuer Blüten.

Ringelblume *(Calendula officinalis)*
Eine der pflegeleichtesten einjährigen Blumen. Hohe Sorten wie 'Geisha Girl' und die 'Kablouna'-Serie, die 60 cm erreichen, sind ideale Schnittblumen. Im Frühjahr und in milderen Gegenden im Herbst wird an Ort und Stelle ausgesät. Regelmäßig ausputzen. Saat lässt sich für das nächste Jahr abnehmen.

Kornblume *(Centaurea cyanus)*
Eine weitere unkomplizierte Sommerblume. Die meisten Kornblumensamen werden als Farbmischung verkauft, die von Weiß über Pink und Blau bis zu Tiefburgunder reicht. Persönlich ziehe ich die rein blauen Sorten vor – die Wirkung einer einzigen Farbe ist weit größer. Man sät an Ort und Stelle – Reiser als Stütze verhindern, dass sie in alle Richtungen überhängen.

Große Wachsblume *(Cerinthe major purpurascens)*
Diese kann man beinahe noch als Neueinführung bezeichnen, die zu ziehen sich aufgrund ihrer außergewöhnlichen blaugrünen Blätter und violettblauen Deckblätter, die im Abendlicht geradezu glühen, sehr lohnt. Sie keimt willig und ist schnellwüchsig. Die Spitzen knipst man aus, um ein buschiges Wachstum zu fördern. Samen ernten für das nächste Jahr!

Garten-Rittersporn *(Consolida ambigua)*
Das gefiederte Laub und die pastellfarbenen Blüten dieses Rittersporns machen ihn zu einem idealen Kandidaten für das Sommerblumenbeet; man sollte ihn jedoch mit Zweigen stützen, damit er wirklich gut aussieht. Man bringt die Samen im Frühjahr – in wärmeren Gegenden auch im Herbst – an Ort und Stelle aus.

Schmuckkörbchen *(Cosmos bipinnatus)*
In jedem Sommerblumengarten sollte sich ein Flecken Schmuckkörbchen finden. Sie sind unübertroffen verlässlich und blühen bis hin zum ersten Frost. Im zeitigen Frühjahr sät man unter

Kornblume *(Centaurea cyanus)*

Tages *(Tagetes* 'harlequin')

Sonnenblume *(Helianthus annuus)*

Glas oder, je nach Klima, im Herbst oder Frühling an Ort und Stelle. Die Spitzen ausknipsen, wenn die Pflanzen 15 cm hoch sind. Samen lassen sich aufbewahren.

DAHLIE *(Dahlia)*
Streng genommen sind Dahlien nicht einjährig, doch ihre Knollen müssen jedes Jahr aus der Erde genommen werden, da sie keinen Frost vertragen. Sie sind zwar arbeitsintensiver als die anderen Blumen, doch der Aufwand lohnt sich um ihrer prächtigen Blüten willen. Die Knollen lassen sich unter Glas vorziehen oder nach Ende der Frostgefahr direkt ins Freiland setzen. Aufbinden ist hilfreich. Mein persönlicher Favorit ist 'Bishop of Llandaff' mit bronzefarbenem Laub und leuchtend roten Blüten.

Kalifornischer Goldmohn *(Escholzia)*
Kalifornischer Goldmohn wächst in leichten, sandigen Böden, und sobald er gut verwurzelt ist, sät er sich willig aus.

Sonnenblume *(Helianthus annuus)*
Früher waren Sonnenblumen gelb und wurden sehr hoch. Moderne Züchtungen haben viele neue Farben von blassestem Sahnegelb bis hin zu tiefem Rubinrot an kürzeren, verzweigten Pflanzen hervorgebracht, die sich für den Durchschnittsgarten eher eignen. Man legt jeweils zwei Kerne an Ort und Stelle in den Boden. Sind beide Sämlinge aufgegangen, so entfernt man einen und lässt den kräftigeren stehen. Aufbinden ist hilfreich. Einige Samen bewahrt man auf; die restlichen Samenteller werden für die Vögel aufgehängt.

Wicke *(Lathyrus odoratus)*
Wicken gehören ganz einfach in den Sommerblumengarten. Sie gedeihen am besten in tief bereitetem, fruchtbarem Boden, der leicht gekalkt wird. Im zeitigen Frühjahr die Samen zur Aussaat in Töpfe einweichen; im späten Frühjahr wird ausgepflanzt. Haben die Pflanzen eine Höhe von 10 cm erreicht, die Spitzen ausknipsen. Wicken benötigen eine Rankhilfe – diese sollte vor dem Pflanzen aufgestellt werden, damit das Wurzelgeflecht nicht beschädigt wird. Für eine ununterbrochene Blüte dürfen absolut keine Samen heranreifen. Im Herbst die Ranken und Blätter herunterschneiden; die Wurzeln verbleiben im Boden, an den sie Stickstoff abgeben.

Irlandglocke *(Moluccella laevis)*
Die limonengrünen Blütenkerzen dieser Muschelblume bilden einen wunderbaren Hintergrund für andere Gartenblumen. Im zeitigen Frühjahr dünn unter Glas oder später draußen aussäen. Zweige als Stütze sorgen dafür, dass die Kerzen aufrecht wachsen.

Jungfer im Grünen *(Nigella damascena)*
Das sanfte Nebelblau der Jungfer im Grünen macht sie im Sommerblumengarten unentbehrlich. Je nach Klima wird im Frühherbst oder im späten Frühjahr an Ort und Stelle ausgesät. Regelmäßig ausputzen für eine anhaltende Blüte.

Tithonia oder Liebling der Aurora
(Tithonia rotundifolia)
Vom Hochsommer an leuchten diese intensiv orangefarbenen Blüten im Blumenbeet. Am Besten im zeitigen Frühjahr unter Glas aussäen und nach Ende der Frostgefahr auspflanzen. Mit Zweigen stützen. Regelmäßig ausputzen. Samen kann für das Folgejahr aufbewahrt werden.

Kapuzinerkresse *(Tropaeolum majus)*
Eine weitere äußerst pflegeleichte Sommerblume. Für das Blumenbeet sind buschig wachsende Sorten den rankenden vorzuziehen, welche ihre Nachbarn schnell erdrücken. Im Sommer ist auf Raupenbefall zu achten – befallene Blätter abnehmen oder, im Extremfall, lieber die ganze Pflanze entfernen. Sät sich leicht selbst aus.

Tagetes (Studentenblume) *(Tagetes)*
Die Studentenblume kann im späten Frühjahr ausgesägt oder früher unter Glas gezogen werden. Im Freien sollte sie frühzeitig ausgedünnt werden, damit sie buschig wächst. Das kann durch Ausknipsen der Spitzen erreicht werden, sobald die Pflanzen zwei Blattansätze haben.

Zinnie *(Zinnia)*
Diese leuchtend bunten Blumen gedeihen am besten in gut durchlässigem Boden. Am besten im Frühjahr unter Glas vorziehen und nach dem letzten Frost aussetzen. Regelmäßig ausputzen.

Essbare Blüten

„Man bereite einen starken Absud von Rosenblüten, sehr stark mit weißem Zucker gesüßt, und gebe für Säure, rote Farbe und guten Geschmack ein wenig Schwefelsäure hinzu."

Rezept für Rosensyrup, in Canterbury Village gebräuchlich *(nicht zu empfehlen)*

Links:
Essbare Blüten
Die blauen Blütensterne des Borretsch schmecken ganz leicht nach Gurke.

Rechts:
Salatschüssel
Die Blütenblätter von Ringelblumen und die Blüten von Kapuzinerkresse, Borretsch und Salbei verleihen einem Sommersalat Farbe und eine pikante Note.

Bis zum Ende des 19. Jahrhunderts waren viele der früheren Einschränkungen bezüglich solcher Blumen, die nicht ausdrücklich nützlich waren, verschwunden, doch bis dahin waren essbare Blumen bestimmt eine willkommene Ergänzung zu den heilkräftigen, welche die Shaker anbauen durften. Die einzige essbare Blume, die das *Gartenhandbuch* aufführt, ist die Kapuzinerkresse; sie war hauptsächlich ihrer kapernähnlichen Beeren wegen geschätzt, die in gewürztem Essig eingelegt wurden, doch es existiert auch ein Shaker-Rezept für grünen Bohnensalat, dem außer den Beeren auch Blüten und Blätter mit ihrer Schärfe Pfiff verliehen.

Mit wenigen Ausnahmen werden essbare Blüten heutzutage eher aufgrund ihrer dekorativen als ihrer geschmacklichen Eigenschaften dem Essen beigefügt. Supermärkte verkaufen genießbare Blumen als Garnierung für Sommersalate, und schicke Restaurants dekorieren die Teller so überreich, dass das Beiwerk häufig die Nahrung übertrifft. Die Shaker hätten dieses nicht gebilligt, doch einige wenige frischgepflückte Blüten in einem selbstgezogenen Salat sind ein Hoch auf die Fülle des Gartens.

Mit Ausnahme der Holunderblüten, die in einer nahen Hecke wachsen, ziehe ich alle meine essbaren Blüten in meinem Shaker-Garten, bei dem ich mir sicher sein kann, dass nichts durch Pestizide oder andere schädliche Chemikalien verpestet ist. Essen Sie keine Blüten, solange Sie nicht sicher sind, dass sie aus sicherem Anbau stammen.

Borretsch *(Borago officinalis)*

Salbei *(Salvia officinalis)*

Ausgewählte Blüten für Feinschmecker

Borretsch *(Borago officinalis)*
Die himmelblauen Borretschblüten duften appetitlich nach Gurken, was in grünen Salaten, Obstsalat, eisgekühltem Tee und Sirupgetränken überaus lecker ist. Zarte Blättchen schmecken ähnlich, entwickeln jedoch rasch borstige Härchen, weshalb man sie nur sehr jung essen kann. Hat man erst einmal erfolgreich Borretsch gezogen, so braucht man sich nicht um dessen Zukunft zu sorgen, da sich diese Pflanze ausgesprochen willig aussamt. Borretsch ist einjährig, und seine Samen können vom zeitigen Frühjahr an jederzeit auf sonnenbeschienenem, gut durchlässigem Boden ausgebracht werden. Nach acht Wochen beginnt die Blüte, die anhält, bis der erste Frost die Pflanze schwärzt. Damit die Sämlinge, die in den folgenden Jahren im gesamten Garten auftauchen, nicht überhand nehmen, jätet man sie rücksichtslos aus bis auf jene, die man behalten will. Honigbienen lieben Borretsch, und er soll sich auf das Wachstum von Erdbeerpflanzen positiv auswirken.

Ringelblume *(Calendula officinalis)*
Die Blütenblätter der Ringelblume bringen Farbe in den Salat. Es ist jedoch sparsam mit ihnen umzugehen, da ihr Geschmack ziemlich intensiv ist. Früher wurden sie auch als 'Safran des armen Mannes' bezeichnet und an Suppen und Eintöpfe gegeben. Je nach Klima im Herbst oder Frühjahr an Ort und Stelle aussäen. Die Ringelblume sät sich leicht aus.

Zucchiniblüten
Der Ertrag einer einzigen Zucchinipflanze kann manchmal das Fassungsvermögen des Gärtners übersteigen. Eine Lösung bietet sich, indem man sie ganz früh pflückt, wenn die Blüte voll geöffnet und die Zucchini wenig mehr als fingergroß ist. Man entfernt Stiel und Knospe, schneidet die Blüte als Salatzutat in Streifen, taucht sie in Ausbackteig, um sie zu fritieren, oder hackt und schwenkt sie kurz in Butter als Füllung für ein Omelett.
Angaben zum Anbau siehe S. 117

Kapuzinerkresse *(Tropaeolum majus)*
Dies ist eine einjährige Pflanze aus Peru, die vielfach um ihrer Beeren willen kultiviert wird, welche grün gepflückt und in Essig eingelegt ein guter Ersatz für Kapern sind. So früh wie möglich in der Saison in zolltiefe Rillen säen. Die Pflanzen sollten mit verzweigten Ästen oder Ähnlichem von unten her gestützt werden, damit sie gut gedeihen und eine reiche Ernte guter Früchte tragen.

Das Gartenhandbuch

Einlegen von Kapuzinerkresse-Samen
… sind zu sammeln, sobald sie ihre volle Größe erreicht haben und solange sie grün, saftig und zart sind. Den Essig würzen und heiß darüber gießen.

Das Gartenhandbuch

Rose *(Rosa)*
Rosenblütenblätter kann man für Kuchen mit Zucker überziehen, als Füllung für delikate Häppchen verwenden oder zu Rosenblütenmarmelade verarbeiten. Für mich allerdings ist der Geschmack ein wenig zu parfümiert, und so erfreue ich mich an meinen Rosen lieber in einer Vase!

Salbei *(Salvia officinalis)*
Als ich mich in meinem Shaker-Garten umsah, um sicherzugehen, dass ich sämtliche essbaren Blüten darin registriert hatte, bemerkte ich einige blühende Salbeipflanzen. Aus einer experimentierfreudigen Laune heraus zupfte ich eine der Blüten ab und probierte sie. Sie war köstlich – ein zarter Salbeigeschmack mit einer leicht süßlichen Note. Die Blüten eignen sich für Salate, Nudelgerichte und Omeletts, doch es ist darauf zu achten, dass allein die blauen Blütenblätter hinzugegeben werden, da sonst der Geschmack weniger fein ist. Um den ganzen Sommer über blühenden Salbei zu erhalten, sollten die Blüten abgeknipst werden, sobald sie verblassen und welken. Genaue Pflegeanleitung siehe S. 77.

Oben und unten:
Kapuzinerkresse *(Nasturtium)*

Gefüllte Kapuzinerkresse *(Tropaeolum majus)*

Holunderblüten *(Sambucus nigra)*

Rezept

Holunderblütentrank

Zutaten

1,5 l kochendes Wasser
1,5 kg Zucker
25 Holunderblütendolden, gewaschen und abgetropft
2 unbehandelte Zitronen in Scheiben
50 g Zitronensäure

Zubereitung

Zucker im kochenden Wasser auflösen, abkühlen lassen. Zitronensäure einrühren; Holunderblüten und Zitronenscheiben zugeben. Zudecken und drei Tage ziehen lassen, dabei gelegentlich umrühren. Abgießen und in saubere, sterilisierte Flaschen geben, dicht verschließen. Bei kühler Aufbewahrung unbegrenzt haltbar. Nach Geschmack mit stillem Wasser oder Mineralwasser verdünnen.

Holunderblüten *(Sambucus nigra)*
Es ist normalerweise nicht notwendig, Holunderbüsche zu pflanzen, da sie wild am Wegrand und in Hecken gedeihen. Die duftigzarten weißen Blütendolden erscheinen im späten Frühjahr oder Frühsommer. Die Pflanze selbst hat einen unangenehmen Geruch, doch das Aroma der Blüten ist ausgesprochen delikat. Von alters her wird aus ihnen ein erfrischender Trank zubereitet; gekochten Stachelbeeren verleihen die Blüten einen Muskatellergeschmack.

Vögel, Bienen, Schmetterlinge

Wie alle guten Gärtner waren den Shakern wohl die örtliche Vogelwelt wie auch die Bienen und Schmetterlinge bekannt und sie wussten sicherlich, welche dieser Besucher in ihrem Garten willkommen waren und welche nicht. Bei ihren sorgfältigen Beobachtungen und Aufzeichnungen war ihnen gewiss auch bekannt, mit welchen Pflanzen man Nutzinsekten und Bestäuber anzog. Eine jede Gemeinschaft stellte in ihren Obstgärten Bienenstöcke auf, um die Befruchtung der Blüte zu sichern und köstlichen Honig für den Tisch zu produzieren.

Es ist zwar nicht immer praktikabel, einen oder sogar mehrere Bienenstöcke im Garten aufzustellen (in meinem ganz gewiss nicht), doch setzt man die richtigen Pflanzen, so wird der Garten bald voller Bienen, Schmetterlinge und Schwebfliegen sein. Mein Shaker-Garten ist zu klein, um solche Blumen direkt beim Gemüse zu ziehen, und so habe ich sie direkt hinter dem Zaun angesiedelt, wo der Garten von ihnen profitiert, ohne dass ich wertvollen Platz verliere. Außerhalb des Gartens wachsen außerdem so genannte „Opferpflanzen“, an denen Schmetterlinge ihre Eier ablegen, wodurch zukünftige Generationen gesichert sind. Hierzu zählen Astern, Margeriten, Geißblatt, Fenchel und Nesseln. Im Garten selbst locken Kapuzinerkresse und Tagetes die nützlichen Schwebfliegen an.

In einem anderen Gartenteil locken ein Brombeerdickicht und beerentragende Sträucher und Bäume Vögel herbei, desgleichen die Samenstände von Gräsern und Blumen, die bis zum Frühjahr nicht zurückgeschnitten werden. Futterstellen in den Bäumen liefern den Vögeln im Winter zusätzliche Nahrung.

Links:
Schmetterling
Ein Schmetterling labt sich am Nektar eines hochwachsenden Eisenkrautes (Verbena bonariensis). *Schmetterlinge besuchen nur Pflanzen, die in voller Sonne wachsen.*

Gegenüber:
Biene
Die Blaue Kugeldistel (Echinops ritro) *wirkt auf Bienen sehr anziehend; pflanzt der Gärtner solche Blumen, ist der wichtige Bestäubungsvorgang in seinem Garten gesichert.*

Eisenkraut *(Verbena bonariensis)*

Sommerflieder *(Buddleia davidii)*

Ausgewählte Lockpflanzen

Nützliche Insekten und Vögel haben ganz deutliche Vorlieben und Abneigungen. Blumen, die dem menschlichen Auge wunderbar erscheinen, üben manchmal wenig oder gar keine Anziehungskraft auf sie aus, während andere, farblose oder unscheinbare Pflanzen sie magnetisch anziehen können. Die folgende Auswahl soll sowohl dem Gärtner als auch den Vögeln, Bienen und Schmetterlingen etwas bieten.

Seidenpflanze *(Asclepias tuberosa)*
Schmetterlinge finden die leuchtend orangefarbenen Blüten dieser knollenbildenden Staude unwiderstehlich. Vollsonnig in gut durchlässigen Boden pflanzen. Ausputzen kann die Blütezeit verlängern, doch es ist Vorsicht geboten, da der Milchsaft die Haut reizen kann.

Schmetterlingsstrauch *(Buddleia davidii)*
Ein Sommerflieder in voller Blüte zieht alle Arten von Schmetterlingen magnetisch an, und jede Blütentraube ist von flatternden Flügeln übersät, während die Insekten sich am Nektar laben. Dieser schnellwüchsige Strauch kann in einer einzigen Saison leicht zwei Meter hoch werden. Man lässt ihn über den Winter stehen und schneidet im zeitigen Frühjahr auf 20 cm zurück. Dieser eigentlich ausdauernde Strauch ist in sehr kalten Gegenden als einjährige Pflanze zu behandeln.

Blaue Kugeldistel *(Echinops ritro)*
Dieser stachelige Geselle mit kugelförmigen blauen Distelblüten gedeiht am besten in kargem Boden. Bienen und Schwebfliegen umschwärmen ihn ununterbrochen, wenn er in voller Blüte steht. Man sollte ihn weit zurückschneiden, sobald die Blüten vergehen.

Sonnenblume *(Helianthus annuus)*
Ein blühender Flecken voller Sonnenblumen ist bei Insekten sehr beliebt; sobald sich dann Samen gebildet haben, können sich die Vögel auf Winterfutter freuen. Die neuen niedrigeren Sorten lassen sich im kleineren Garten leichter unterbringen, doch ist genügend Platz vorhanden, so bietet die herkömmliche Sonnenblume einen grandiosen Anblick. Die Samen an der Pflanze reifen lassen. Im Herbst den Kopf mit etwas Stiel abschneiden und kopfunter aufhängen. Im Winter ins Freie hängen und sich an den pickenden Vögeln erfreuen.

Echter Lavendel *(Lavandula angustifolia)*
Bienen lieben den Lavendel und sind während der Blüte ständige Gäste. Am besten säumt man mit ihm einen Pfad, wo man den Duft in vollen Zügen genießen und die Bienen bei ihrer Arbeit beobachten kann. Lavendel muss in sehr durchlässigem Boden in voller Sonne stehen. Wo er nicht winterhart ist, zieht man ihn in Töpfen, die im Winter geschützt gestellt werden. Damit die Pflanzen schön buschig wachsen, trimmt man sie nach der Blüte zu einer Hügelform. Die Shaker ernteten den Lavendel und bereiteten daraus Lavendelwasser, Potpourri und Lavendelsäckchen, die sie an die „Welt" verkauften.

Indianernessel *(Monarda didyma)*
Diese Pflanze zogen die Shaker für „Oswego-Tee" und zu Heilzwecken; wie ihr englischer Name „Bienenbalsam" andeutet, wirkt auch sie auf Bienen sehr anziehend. Genaue Pflegeanleitung siehe S. 80.

Wilder Majoran *(Origanum vulgare)*
Wilder Majoran war eines der Küchenkräuter, welche die Shaker zogen. Bienen lieben seine rosa Blüten. Genaue Pflegeanleitung siehe S. 76.

Fetthenne *(Sedum spectabile)*
Die Fetthenne ist eine herbstblühende Pflanze, die unter Garantie Schmetterlinge in den Garten lockt. Ihre großen, flachen Schirme aus winzigen rosa Blütensternchen trägt sie über fleischiggrünen Blättern. Fetthenne gedeiht am besten in vollsonniger Lage auf fruchtbarem, gut durchlässigem Boden; sie ist bis -5°C winterhart. Ist sie gut eingewachsen, so lässt sie sich leicht immer wieder teilen.

Knollige Seidenpflanze *(Asclepia tuberosa)*

Sonnenblume *(Helianthus annuus)*

Fetthenne *(Sedum spectabile)*

Lavendel *(Lavandula augustifolia)* (oben) und Kugeldistel *(Echinops ritro)* (unten)

Wilder oder Sandthymian *(Thymus serpyllum)*
Dies ist die von den Shakern bevorzugte Thymian-Art, die sie in ihren Obstgärten auspflanzten. Der kriechende Sandthymian ist ideal für Fugen zwischen den Ziegeln oder Steinplatten eines Weges oder in einer Mauer geeignet, wo er sich mit seinen Blüten, die von weiß bis tiefrot reichen, ohne Konkurrenz durch andere Pflanzen ausdehnen kann. Er sollte in äußerst durchlässigen Boden gepflanzt werden.

Eisenkraut *(Verbena bonariensis)*
Eine ungewöhnlich hohe Verbenenart, die normalerweise als Einjährige gezogen wird, in milden Gegenden jedoch den Winter überdauern kann. Ihre violetten Blüten trägt sie auf unauffälligen Stielen, die den Blick auf andere Pflanzen frei lassen; wie eine lila Blütenwolke schwebt sie über dem Beet. Die Blütenstände sind ein idealer Landeplatz für Schmetterlinge.

„Ihr gebt euch unendliche Mühe,“ sprach ich.

„Ach, Bruder Hepworth, weißt du,

wir lieben unseren Garten.“

HEPWORTH DIXON,
EIN BESUCHER AUS ENGLAND

Gemüse

From The
Victory Garden.

„An dieser Stelle soll gesagt sein, ein für alle Mal, dass alle Tischgemüse am besten auf gutem, fettem Boden gedeihen; man dünge daher seinen Boden, ist er nicht von Natur aus fett, reichlich; und selbst so der Boden recht fruchtbar ist, ist er stark genutzt worden, so wird eine leichte Düngung hilfreich sein."

DAS GARTENHANDBUCH

Zur Zeit der Shaker war jeder Gartenbau organisch; es gab keine schnellen Lösungen oder einfachen Hilfsmittel, die eine solide Bewirtschaftung ersetzten. Damals wie heute gab es gute Gärtner und weniger gute, und die Shaker stellten das *Gartenhandbuch* zusammen, um den – wie sie sie nannten – „einfachen Klassen, für welche der Garten von größtem greifbarem Nutzen ist", zu helfen gute Gärtner zu werden und gesunde Nahrung für ihre Familien zu erwirtschaften. Sie wussten, dass gute Bodenpflege der Schlüssel zu ertragreicher Ernte ist, und in ihrem Handbuch liest man über die Gärten der damaligen Zeit, dass „sehr viele eine ungenügende Vielfalt an Gemüsearten enthalten; und die Mehrzahl nicht richtig vorbereitet werden, bevor sie mit Samen und Pflanzen bestückt werden, und danach nur schlecht gepflegt".

Nach heutigen Gesichtspunkten war das *Gartenhandbuch* ein Marketing-Werkzeug; der Hintergedanke bei dem Kommentar zur fehlenden Vielfalt an Gemüsearten war gewiss eine Steigerung der Samenverkäufe. Davon abgesehen ist das *Handbuch* voller wertvoller Ratschläge und Information. Die Reputation der Shaker bezüglich der Qualität ihres Gemüses war unübertroffen, und die Gärtner der „Welt" waren zweifellos erpicht darauf, ihre Arbeitsmethoden zu erlernen.

Heute, da die Forderung nach immer billigerer Nahrung eine um die andere Schreckensmeldung nach sich zieht, wenden wir uns freiwillig wieder natürlichen Anbaumethoden zu. Immer mehr Menschen kaufen biologisch-organisches Gemüse, und wer den Platz hat, baut es selbst an. Eines ist sicher – gäbe es heute noch solche Shaker-Gemeinschaften wie früher, wir würden uns auf dem Markt um ihre Stände drängen, um das allerbeste Gemüse zu kaufen – und sie würden es der „Welt" voller Enthusiasmus anbieten.

Der einzige Rat im *Gartenhandbuch*, den ich nicht befolgt habe, ist jener bezüglich Anlage und Pflege eines Hügelbeetes. Diese nutzten die Shaker gern zur Samenanzucht und für besonders frühe Erträge. Wie heißt es im *Handbuch* über solche Beete – „ihre Pflege ist ziemlich aufwendig, und man muss achtsam und pflichtbewusst sein; doch ist dies eine gute Gewohnheit, und wer zur Vergesslichkeit neigt, sollte beinahe aus diesem Grund allein eines anlegen". Beinahe, doch nicht ganz – mein beheizbares kleines Anzuchttreibhaus ist eine Erfindung des 20. Jahrhunderts, welche die innovativ veranlagten Shaker gewiss willkommen geheißen hätten.

Gegenüber:
Shaker-Zwiebeln
Zwiebeln wurden um der Saat willen gezogen, die für einige Gemeinschaften ein wichtiges Verkaufserzeugnis waren. Sie stellten außerdem eine wichtige Zutat zu Shaker-Gerichten dar; dieses Archiv-Foto zeigt, dass eine gute Ernte es wert war, fotografisch verewigt zu werden.

Die Bepflanzung des Shaker-Gartens

Oberer Gartenteil

1. Kletterbohnen
2. Mini-Kürbis
3. Liebstöckel
4. Wicken
5. Stachellose Brombeere
6. Beinwell
7. Artischocken
8. Sauerampfer
9. Echte Kamille
10. Glatte Petersilie
11. Roter Sonnenhut
12. Römische Kamille
13. Rosmarin
14. Lavendel
15. Thymian
16. Spinat
17. Erbsen
18. Rauke
19. Sommerendivie 'Little Gem'
20. Roter Mangold
21. Zwerg-Buschbohnen
22. Ringelblumen
23. Erdbeeren
24. Zuckererbsen
25. Auberginen
26. Eichblattsalat
27. Zucchini
28. Acorn-Kürbis
29. Roter Salbei
30. Basilikum

Unterer Gartenteil

1. Kletterbohnen
2. Sonnenblumen
3. Zuckermais
4. Kartoffeln
5. Tomaten
6. Engelwurz
7. Artischocken
8. Rote Gartenmelde
9. Paprika
10. Kapuzinerkresse
11. Roter Sonnenhut
12. Römische Kamille
13. Rosmarin
14. Lavendel
15. Thymian
16. Spinat
17. Sonnenhut (Rudbeckie)
18. Indianernessel
19. Mutterkraut
20. Tagetes/Salbei
21. Möhren
22. Zwiebeln
23. Rote Bete
24. Gelbe Bete
25. Fenchel
26. Pastinaken
27. Radies/Rettiche
28. Kornblumen
29. Kohlrüben
30. Krause Petersilie

Wurzelgemüse

„Rüben und Mohrrüben sollten im Herbst vor schwerem Frost eingebracht werden; man schneidet das Kraut ab und lagert sie in Sand in einem warmen Keller ein. Eine gute Methode, Rüben und Mohrrüben über den Winter frisch zu halten, ist es, sie im Keller kreisförmig auf den Boden zu legen, mit dem Wurzelende zur Mitte und dem oberen Ende nach außen; die erste Lage bedeckt man mit Sand; dann legt man eine weitere Lage darauf und bedeckt sie mit Sand wie zuvor, und so weiter, bis alle eingelagert und zugedeckt sind. Der Sand für Mohrrüben sollte sehr trocken sein, sonst faulen sie; für Rüben darf er feucht sein, nicht aber nass."

Das Gartenhandbuch

Wurzelgemüse war für die Shaker wichtig, da es sich sehr gut lagern lässt. Sie bauten mehrere Sorten Möhren und Rote Bete an, Winter- und Sommerrettiche, Pastinaken, Haferwurz, Kohl- und Steckrüben. Nach heutigem Ermessen ließen sie diese Wurzelgemüse zu enormer Größe heranreifen, doch der höhere Stärkegehalt sorgte dafür, dass sie sich gut einlagern ließen, und versorgte die hungrigen Shaker mit wichtigen Kohlehydraten.

Rote Bete

Sehr früh in zolltiefe Rillen mit 18 Zoll Abstand säen. Das erste Mal auf 4 Zoll verziehen, das nächste Mal auf 8.

Das Gartenhandbuch

Die Samen der Roten Bete keimen besser, wenn man sie vorher in ein feinmaschiges Sieb gibt und unter kaltem Wasser abspült. Da unser heutiger Geschmack kleineres Gemüse bevorzugt, ist ein zweites Verziehen überflüssig, und wo nur begrenzt Platz ist, darf die Bete ruhig noch dichter stehen. Folgesaaten sorgen für eine gleichmäßige Versorgung vom späten Frühjahr bis hin zum Herbst.

Eingelegte rote Bete

Man koche sie, schabe die Schale ab, und lege sie 24 Stunden in Essig, oder bis man sie benötigt. So zubereitet ist sie ein ausgezeichneter Ersatz für eingelegte Gurken. Eingelagerte Rote Bete lässt sich hervorragend in der Schale backen.

Das Gartenhandbuch

Möhren

Die Angaben zur Möhrenkultur im *Gartenhandbuch* sind ausgesprochen kurz – „Wie Rote Bete säen, auf 4 Zoll verziehen." Im Gartenhandbuch sind drei Sorten aufgeführt: 'Long Orange', 'Early Horn' und 'Altringham'. Möhren gedeihen am besten in leichtem, mit gut verrottetem Mist oder mit Kompost angereichertem Boden. Auf schweren Böden sät man sie besser in Hochbeete oder erhöhte Reihen. Saurer Boden ist zuvor zu kalken. Möhren müssen regel-

Rote Bete
Der Wintervorrat an Roter Bete kann in feuchtem Sand eingelagert werden. Es ist besser, die Blätter nicht abzuschneiden, sondern abzudrehen, da die Rübchen sonst bluten.

Links:
Möhren
Ein Fass wird mit einzulagernden Möhren gefüllt: Die Rübchen werden kreisförmig eingeschichtet und lagenweise mit Sand abgedeckt.

Gegenüber:
Wurzelgemüse
Heute essen wir unser Gemüse gerne so jung und zart wie möglich, entweder roh oder schonend gegart. Bei den Shakern, die riesiges Gemüse zogen, lagen die Dinge ganz anders – und zwar nicht nur, weil sie sich einen entsprechenden Wintervorrat sichern mussten, sondern auch, weil eine Pflanze umso mehr Zucker in Stärke verwandelt, je länger sie im Boden verbleibt. Diese Stärke war für die Schwerstarbeit leistenden Shaker ein wichtiger Ernährungsbestandteil.

mäßig gegossen werden, damit sie nicht zäh und holzig werden. Wo die Möhrenfliege ein Problem ist, lässt sich dagegen mit einem niedrigen Fliegengitter, das man um die Möhren setzt, oder mit Abdeckvlies vorgehen – die Möhrenfliege hält sich dicht über dem Boden, und das Fliegengitter lenkt sie um. Im Herbst zieht man die Möhren und lagert sie ein – werden sie im Boden belassen, so locken sie Schnecken an.

Pastinaken

Wie Mohrrüben anbauen. Im November sind genügend für den Winter zu ernten und einzulagern; die übrigen verbleiben bis zum Frühjahr im Boden.

Das Gartenhandbuch

Pastinaken gedeihen am besten in mit Kompost angereichertem Boden, der nötigenfalls leicht gekalkt wird. Da Frost ihren Geschmack verbessert, sollte man sie nicht vor dem ersten Frost ernten; man darf allerdings nicht so lange warten, bis der Boden hartgefroren ist. Pastinakensaat keimt nur sehr langsam, vor allem in kaltem Boden. Im späten Frühjahr legt man jeweils 2 bis 3 Samen in 15 cm Abstand in flache Rillen und füllt die Lücken mit schnellwachsenden Radieschen, um die Reihe zu markieren. Sind die Pastinaken aufgegangen, lässt man von jeder Gruppe nur den stärksten Sämling stehen. Regelmäßiges Gießen verhindert ein Reißen der Wurzeln.

Haferwurz

Dieses Gemüse ähnelt in seinem Äußeren einer kleinen Pastinake; man zieht es alljährlich aus Samen und bestellt es wie Pastinaken oder Mohrrüben; es ist genau so anspruchslos. Wer dieses Gemüse kennt, schätzt es sehr. Es ist sehr frostverträglich und kann im Boden überwintern, wenn man so will.

Das Gartenhandbuch

Dieses leckere Gemüse sollte besser bekannt sein. Man isst es geschält und gedämpft oder hackt es roh und fügt es Suppen und Eintöpfen bei. Damit die Wurzeln sich nicht teilen, muss man es unbedingt in tiefgründigem, gut bereitetem Boden ziehen, und beigemengter Kompost oder Mist muss gut verrottet sein.

Kohlrübe

Wie Zwiebeln im Garten säen und bestellen.

Das Gartenhandbuch

Es ist ein seltsam anmutender Vergleich, da Kohlrüben und Zwiebeln sehr verschiedene Gemüse sind, doch der empfohlene Abstand von „Rillen, 16 Zoll auseinander und einen halben Zoll tief“ klingt schon richtig. Kohlrüben keimen und wachsen willig in gekalktem, gedüngtem Boden. Die Pflanzen auf 5 cm verziehen und früh ernten, damit sie wirklich gut schmecken. Erdflöhe, die das Laub durchlöchern, können problematisch sein. Sind die Pflanzen etwa 5 cm hoch, zieht man ein Stück mit Vaseline bestrichenen Karton die Reihe entlang – die Käfer springen hoch und bleiben daran kleben! Gegebenenfalls wiederholen.

Kürbis, Zucchini & Co

„Kürbisgewächse wollen sehr in der Art wie Melonen und Gurken behandelt sein. Der Süßkartoffel-Kürbis und der Krummhalsige Gartenkürbis, die lange Ranken hervorbringen, müssen in Hügel mit einem Abstand von sechs bis acht Fuß gepflanzt werden. Der Moschuskürbis und die Sommer-Scallopini, welche so genannte Busch-Kürbisse sind, da sie keine rankenden Triebe haben, können in Hügel mit etwa vier Fuß Abstand gepflanzt werden."

Das Gartenhandbuch

Oben links:
Rundhaus
Vor dem Runden Stall im Shaker-Dorf Hancock liegt ein Teil der herbstlichen Kürbisernte im Gras ausgebreitet.

In den Samenkatalogen der Shaker sind wenigstens sechs Speisekürbisarten aufgeführt, welche sie zogen; dazu gesellten sich mehrere Riesenkürbisse, wie 'Connecticut Field' und 'Common Field'. Diese Gemüsearten wurden ursprünglich von den nordamerikanischen Indianern angebaut, doch bald waren sie auch bei den Siedlern beliebt. Da diese frühen Kürbisarten sich nicht lange lagern ließen, schälten die Shaker sie und trockneten sie in Streifen, um sie zu „Kürbismehl" zu verarbeiten.

Wie sich dem Auszug aus dem *Gartenhandbuch* entnehmen lässt, teilt sich diese Familie in zwei Gruppen unterschiedlichen Wachstums, rankende und buschige. Die Platzverhältnisse erfordern häufig, dass den Buscharten der Vorzug gegeben wird, doch man

Mitte und rechts:
Kürbisse
Sind Speisekürbisse in der Sonne zur vollen Reife gelangt, so kann man sie in einem offenen Korb aufbewahren. Riesenkürbisse dagegen erfordern einen größeren Behälter wie diesen Bretterverschlag.

sollte immer daran denken, dass sich manche der kleinfrüchtigen rankenden Arten an Gerüsten ziehen lassen. In meinem Shaker-Garten habe ich buschig wachsende Zucchini gezogen und rankende, kugelige Mini-Kürbisse; was ich für einen buschig wachsenden Acorn-Kürbis gehalten hatte, schickte wuchernde Ausläufer aus. Glücklicherweise wuchs der Acorn-Kürbis am Rande eines Hochbeetes, und ich konnte seine langen Triebe auf den Pfad und unter dem Zaun hindurch führen, wo er sich austoben konnte, ohne seine Nachbarn zu erdrücken.

Der Mini-Kürbis mit seinen kugelrunden Früchten, die einen Durchmesser von etwa 15 cm erreichen, ließ sich einfacher unter Kontrolle halten. Ich setzte die jungen Pflanzen in das schmale Beet am nördlichen Gartenende, und als die Ranken länger wurden, wand ich sie um die Spitzen des Gartenzaunes, sodass die Kürbisse schließlich wie große grüne Weihnachtsbaumkugeln von der Pflanze hingen. Es hätte nicht praktischer

Riesenkürbis
Wer Kürbisse über den Winter aufbewahren möchte, sollte eine Sorte wählen, die sich gut hält; anderenfalls muss er seine Kürbisse gekocht einfrieren oder in Gläser füllen.

Rechts:

Korb

Acorn-Kürbis, Zucchini und Mini-Kürbis aus meinem Shaker-Garten.

Gegenüber:

Zucchini-Blüten

Die Zucchini-Pflanze ist ein regelrechtes Wunderwerk – in ihrer kurzen Wachstumszeit erlangt sie eine erstaunliche Größe, neben der die meisten anderen Pflanzen im Gemüsegarten verschwinden. Ihre goldenen Blüten sehen so gut aus wie sie schmecken, und die Pflanze bringt reichen Ertrag, solange man sie regelmäßig aberntet und nicht eine einzelne Riesenfrucht heranwachsen lässt.

oder hübscher sein können, und das Pflücken war wunderbar leicht.

Alle Speise- und Flaschenkürbisse, Zucchinis und Riesenkürbisse benötigen sehr nährstoffhaltigen, feuchtigkeitsbindenden Boden, um sicherzustellen, dass sie rasch und ohne Unterbrechung heranwachsen. Unter den richtigen Bedingungen gehören sie zu den am schnellsten wachsenden Gartengemüsen, doch da sie kälteempfindlich sind, können sie erst nach dem letzten Frost im Freien gesät werden. Als Alternative kann man die Samen Mitte des Frühlings unter Glas aussäen und die Pflanzen dann mit Schutzhauben oder aber nach dem letzten Frost in den Garten setzen. Man legt jeweils zwei Kerne in einen Topf mit 8 cm Durchmesser. Sind sie aufgegangen, lässt man nur den stärkeren Sämling stehen; sobald die Wurzeln unten aus den Abzugslöchern schauen, setzt man sie ins Freiland oder in größere Töpfe.

Den mit reichlich gut verrottetem Mist oder Kompost verbesserten Boden wirft man zu Pflanzhügeln auf, in deren Mitte man eine kleine Mulde aushebt. Hier hinein werden die Kerne gelegt oder die jungen Pflänzchen gesetzt. So gelangt das Gießwasser mit Sicherheit zu den Pflanzenwurzeln und rinnt nicht an den Seiten den Hügel hinab; außerdem entsteht auf diese Weise ein feuchtes Mikroklima um die Jungpflanze. Sobald die Pflanze gut angegangen ist, schützt ein Mulch ihre Wurzeln vor dem Austrocknen. Regelmäßige Flüssigdüngung mit Algendünger oder einem anderen organischen Düngemittel ist zu empfehlen.

Schnecken mit und ohne Haus sind die Hauptschädlinge, und es wird wahrscheinlich nötig sein, die jungen Keimlinge vor ihren Verheerungen zu schützen, doch sobald sie richtig Fuß gefasst haben, wachsen die Pflanzen schneller als die Schnecken sie fressen können. Die Shaker empfehlen, Buschsorten mit 1,25 m Abstand zu pflanzen und die rankenden Sorten mit 1,75–2,50 m Abstand. Zieht man sie in Reihen, so lassen sich buschige Zucchini dichter setzen, doch sollte man nicht vergessen, dass zwei Pflanzen die Durchschnittsfamilie meist genügend wenn nicht sogar überversorgen.

Zucchini erntet man am besten klein, bei einer Länge von etwa 15–20 cm; will wenn man die Blüten essen, sogar noch eher (siehe Essbare Blüten, S. 98). Vernachlässigt man die Pflanze, so erhält man Markkürbisse, die nicht gerade überwältigend schmecken.

Außer für den Wettbewerb mit der Nachbarschaft sollte man die extragroßen Riesenkürbisse meiden. Man sollte eine Sorte wählen, die für ihren Geschmack und weniger ihr ihre Größe bekannt ist. Man belässt sie so lange wie möglich an der Pflanze (ein untergelegter Ziegel oder ein Holzstück schützt vor dem Anfaulen) und bewahrt sie anschließend trocken und luftig auf, so dass der Reifeprozess abschließen kann. Mit Speisekürbissen verfährt man ebenso.

Kartoffeln

„Dieses sind die unerlässlichen Eigenschaften einer guten Kartoffel, wenn man sie durchschneidet: Es muss etliches an Feuchte vorhanden sein, jedoch nicht zu viel; reibt man die beiden Teile aneinander, so bildet sich ein hellerer Schaum; dieses zeigt die Gegenwart von Stärke an, und je mehr Stärke, desto besser die Kartoffel."

Das Shaker-Manifest (1881)

Rezept

Kartoffelsalat

Man schneide sechs oder acht mittelgroße Pellkartoffeln in dünne Scheiben; hacke zwei Silberzwiebeln fein, sodass man ihren Geschmack erhält, ohne Zwiebelstücke zu entdecken, vermische Petersilie und die Kartoffeln mit den Zwiebeln und würze mit Salz und Cayennepfeffer. Man verrühre ein Drittel Teelöffel gemahlenen Senf mit einem Teelöffel heißen Wassers; gebe zwei Eigelb ins selbe Gefäß und schlage mit einem Rührbesen, bis es gut vermischt ist, gebe tropfenweise ein süßes Öl hinzu und verschlage alles, bis es eine dicke Soße ist, füge ein und einen halben Teelöffel Essig hinzu. Diese Salatsoße gebe man über die Kartoffeln und vermische alles gut. Das Gericht kann mit Sellerieblättern sehr hübsch angerichtet werden.

Mary Whitcher's Shaker House-Keeper (1882)

Da Kartoffeln für die Shaker ein Grundnahrungsmittel waren, wuchsen sie bei ihnen nicht im Gemüsegarten, sondern waren eine wirkliche Feldfrucht; jede Gemeinschaft bestellte alljährlich mehrere Morgen Land mit Kartoffeln. Es gibt keine Aufzeichnungen darüber, welche Sorten sie anbauten, und weder Saat noch Saatkartoffeln sind in ihren Samenkatalogen aufgeführt. Da jedermann Kartoffeln zog, gibt das *Gartenhandbuch* hierzu so gut wie keine Hinweise bis auf die Empfehlung, sie als bodenbereitende Frucht auf neu kultiviertem Land einzusetzen: „Da man auf frisch gepflügtem Grasland keinen Garten anlegen sollte, gehen wir davon aus, dass der Gartenbereich von Gras befreit und, wie es sich gehört, durch eine Kartoffelsaison wesentlich verbessert wurde." Diese Praxis ist noch heute für einen neu angelegten Garten zu empfehlen. Die Kartoffeln unterdrücken Unkraut und helfen, den Boden zu lockern; gleichzeitig dienen sie als „Opferfrucht", mit deren Hilfe sich Ungeziefer identifizieren lässt, das im Garten ein Problem sein könnte. Ein beträchtlicher Nematodenschaden an den Kartoffeln würde z. B. anzeigen, dass man im folgenden Jahr möglichst viele Tagetes pflanzen sollte.

In manchen Shaker-Gemeinschaften gehörten Kartoffeln zu jeder Mahlzeit. Frederick Evans, ein Shaker aus New Lebanon, verzeichnet in dem von ihm herausgegebenen Kochbuch, dass man zum Frühstück gebackene oder gebratene Kartoffeln aß und zum Abendessen Kartoffelbrei oder gekochter Reis üblich waren.

In *Mary Whitcher's Shaker House-Keeper* (1882) findet sich ein Rezept für einen leckeren Kartoffelsalat, der heute noch genauso mundet wie früher.

Der Kartoffelanbau in meinem Shaker-Garten hielt sich in engen Grenzen; meinen Hauptanbau betrieb ich an anderer

Links:
Kartoffeln
Aroma und Konsistenz eigener Kartoffeln sind reicher Lohn für die geringe Mühe, die das Abwaschen der frisch ausgegrabenen Knollen bereitet. Beim Graben Acht geben, dass keine Kartoffeln beschädigt werden.

Gegenüber:
Kartoffelblüten
Wer keinen großen Garten hat, wird kaum genug Kartoffeln für das ganze Jahr anbauen; man sollte also anstelle einer Lagerkartoffel eine besonders gute Salatkartoffel oder eine extrafrühe Sorte anpflanzen. Die Kartoffeln kann man ausgraben, sobald die Blüten verwelkt sind und die oberirdischen Pflanzenteile zu wachsen aufhören.

Saatkartoffeln

An diesen Saatkartoffeln haben die Augen ausgetrieben. Nur zwei Triebe belässt man an jedem Stück, die übrigen werden vor dem Pflanzen abgerieben.

Stelle. Wo Platzbeschränkungen herrschen, pflanzt man am besten frühe Sorten oder eine besonders gute Salatkartoffel als Leckerbissen.

Es ist äußerst wichtig, Saatkartoffeln oder Augen von einer nachgewiesen krankheitsfreien Quelle zu erstehen. Die Kartoffeln kauft man zu Beginn des Jahres und stellt sie bei ca. 10 °C hell auf, damit sie treiben. Die Sprossen sollten kurz, dicht und dunkelgrün sein; sind sie blass und lang, so stehen sie zu warm. Für das beste Ergebnis wählt man die kleineren Knollen mit den wenigsten Sprossen – ein oder zwei sind ideal. Augen werden in feuchtes Vermiculit verpackt zum Kauf angeboten; man pflanzt sie einfach in Töpfe und stellt sie ins Gewächshaus oder auf eine Fensterbank, bis sie ins Freiland gesetzt werden können.

Kartoffeln benötigen einen wasserbindenden Boden, der mit großen Mengen gut verrottetem Mist oder Kompost angereichert wurde. Steht nur eine begrenzte Menge an Mist oder Kompost zur Verfügung, so kann

Kartoffeln ausgraben
Neue Kartoffeln gräbt man für jede Mahlzeit frisch aus; die übrigen werden im Boden belassen, wo ihr deftiger Geschmack erhalten bleibt. Wird es im Herbst kalt und nass, ist es jedoch an der Zeit, die restlichen Knollen zu ernten.

man die Düngung auf die Pflanzfurchen beschränken. Diese Furchen sollten 30 cm breit und 30 cm tief mit einer 15 cm dicken Lage Mist oder Kompost sein. Die Knollen werden in 30 cm Abstand direkt darauf gesetzt und mit Erde bedeckt, die man über der Reihe leicht anhäuft. Kartoffelpflanzen, die aus Augen gezogen wurden, pflanzt man mit gleichen Abständen nach dem letzten Frost in gut gedüngten Boden.

Sind die Pflanzen 15-20 cm hoch, gibt man ihnen eine Kopfdüngung mit Horn-Knochen-Blutmehl und häufelt sie sodann an, indem man die zwischen den Reihen befindliche Erde so weit hochschiebt, dass nur noch wenige Blätter sichtbar sind. Drei Wochen später nochmals wiederholen. Kartoffeln brauchen reichlich Wasser, um Knollen anzusetzen; bei Trockenheit ist also regelmäßig zu gießen. Sobald die Pflanzen blühen, kann man ernten, doch immer nur für sofortigen Verbrauch, da sich die Kartoffeln erst dann gut lagern lassen, wenn Blüten und Blätter abzusterben beginnen. Reife Kartoffeln bewahrt man kühl und dunkel in Jute- oder Papiersäcken auf.

Kohl

„Frost schadet Kohl nicht, vorausgesetzt, man verhindert ein Auftauen; mehrfaches Auftauen richtet den Schaden an. Daher mache man einen Hügel 2 Fuß hoch, 6 Fuß breit, und so lang wie nötig an der Nordseite eines Gebäudes; hierauf lege man quer einige Stangen, und auf die Stangen längs mehrere schmale Bretter, mit 2 Zoll Abstand. Man nehme die Kohlköpfe an einem trockenen Tag kurz vor dem Winter auf, entferne einige der äußeren Blätter und setze sie mit dem Strunk nach oben auf die Bretter, bedecke sie einen Fuß dick mit Stroh oder Maisstroh, und sie halten sich frisch und grün."

Das Gartenhandbuch

Kohl war für die Shaker ein wichtiges Wintergemüse, da er sich über die ganze kalte Jahreszeit sehr gut hält. Sie bauten ihn nicht nur als Nahrungsmittel, sondern auch zur Samengewinnung an. Das Gartenhandbuch führt 'Early York', 'Early Sugar Loaf', 'Large Drumhead', 'Grünen Wirsing' und 'Roten Holländer' auf.

Aufgrund des eingeschränkten Platzes habe ich im ersten Jahr davon abgesehen, in meinem Shaker-Garten Kohlpflanzen zu ziehen, doch die Angaben der Shaker zum Kohlanbau sind voller nützlicher Ratschläge; ich möchte noch ergänzen, dass der Boden vor dem Pflanzen gekalkt und leicht mit Fisch-, Blut- und Knochenmehl gedüngt werden sollte. Wo Kohlfliegen ein Problem sind, schützt man die ausgepflanzten Jungpflanzen mit Abdeckvlies, bis sie gut angewachsen und kräftig sind.

Kohl
In Stroh gepackt lassen sich feste Winterkohlköpfe eine Zeit lang an einem kühlen, von Ungeziefer freien Platz aufbewahren. Als Alternative kann man sie auch bei den Wurzeln an den Dachbalken eines luftigen Schuppens aufhängen.

Kohlanbau

Für eine frühe Ernte kann man am 10. April etwas Saat im Hügelbeet ausbringen und am 10. Mai auspflanzen, der eigentlichen Aussaatzeit für die Haupternte. Man säe in kleine Beete, jede Sorte für sich; man säe frühe und späte zugleich, um dadurch eine ständige Folge an Köpfen zu sichern; die frühen decken den Bedarf für den Herbst, und die späten halten sogar bis zum darauffolgenden Frühjahr. Sobald sie einigermaßen aufgegangen sind, auf 4 Zoll Abstand in jede Richtung verziehen; hier stehen lassen, bis sie 6 Blätter haben, dann umpflanzen. Den frühen Sorten, welche klein sind, reichen 2 Fuß Abstand in jeder Richtung, für die späten großen Sorten sollten es 3 ½ oder 4 Fuß sein. Gelegentliches Graben oder Pflügen dazwischen erweist sich als höchst förderlich.

DAS GARTENHANDBUCH (1882)

Zwiebeln, Schalotten & Knoblauch

(Zwiebeln:)

„Früh in Rillen säen, mit 16 Zoll Abstand und einen halben Zoll tief. Auf 4 bis 6 Zoll verziehen. Die Zwiebeln reifen im September. Ist das Grün trocken genug, ziehe man die Zwiebeln und lasse sie mehrere Tage zum Trocknen in der Sonne liegen; dann sammele man sie ein und bringe sie ins Haus."

Das Gartenhandbuch

Oben und gegenüber:
Zwiebeln
Eine der besten Aufbewahrungsmethoden für Zwiebeln ist es, sie als Bund aufzuhängen; man wickelt dafür die unbeschnittenen trockenen Blätter der einzelnen Zwiebeln um eine Schlinge aus grober Schnur oder Bindfaden.

Wie auch immer Zwiebeln aufbewahrt werden, ist es unerlässlich, dass sie vollkommen trocken sind, denn sonst faulen sie.

Die Shaker bauten Zwiebeln großflächig an, sowohl zum eigenen Gebrauch als auch zur Samenzucht. Der Zwiebelsamen, den die Shaker-Gemeinschaft in Enfield zog, war ihr bei weitem wichtigster Ertrag, und auch die Gärtner von New Lebanon erwähnen den Zwiebelanbau häufig in ihren Tagebucheinträgen. Das Gartenhandbuch führt drei Sorten auf: 'White Portugal', 'Yellow Dutch' und 'Große Rote'. Die Shaker kochten Zwiebeln und brieten sie im Ofen, und in vielen ihrer Rezepte sind sie eine gebräuchliche Zutat.

Die Shaker zogen all ihre Zwiebeln aus Saat; heute jedoch bevorzugen viele Gärtner Steckzwiebeln, die vor allem in schweren Böden oft einfacher und verlässlicher sind und auch weniger häufig von Zwiebelfliegen befallen werden. Ich habe mich für meinen Shaker-Garten für Steckzwiebeln entschieden, da ich nur eine geringe Menge benötigte und auf eine lückenlose Reihe Wert legte.

Bevor im Frühjahr Sämlinge oder Steckzwiebeln ausgesetzt werden, ist reichlich Kompost oder gut verrotteter Mist auszubringen und leicht zu kalken, sofern der Boden nicht im alkalischen Bereich liegt. Glattharken und entlang einer Schnur die Steckzwiebeln alle 10 cm so tief einpflanzen, dass die Zwiebelspitze soeben bedeckt ist – anderenfalls schieben die wachsenden Wurzeln sie aus dem Boden. (Altes Laub an der Spitze abschneiden, damit die Vögel sie nicht herausziehen.) Bei der Ernte den Rat der Shaker befolgen und sichergehen, dass die Zwiebeln voll ausgereift sind, bevor sie eingebracht werden.

Schalotten

Diese mildere, kleinere Ausgabe der Zwiebel wird aus Steckzwiebeln gezogen und ist früher erntereif. Die Bodenbereitung entspricht derjenigen für Zwiebeln; man steckt sie in einer doppelten Reihe in 7,5 cm Abstand. Bei der Ernte im Sommer werden die Schalotten gezogen und genau wie ihre größeren Kusinen getrocknet.

Knoblauch

Knoblauch gehört nicht zu den Gemüsearten, welche die Shaker anbauten, doch in der heutigen Küche ist er eine so wichtige Zutat, dass er an dieser Stelle nicht vernachlässigt werden darf. Man pflanzt die einzelnen Zehen, indem man sie mit der Spitze nach oben in 15 cm Abstand 2,5 cm tief in den Boden steckt. Der Boden wird wie für Zwiebeln bereitet; Pflanzzeit ist im Spätherbst oder gegen Ende des Winters. Die Knollen werden im Sommer ausgegraben und vor dem Einlagern in der Sonne getrocknet.

TOMATEN

„Dieses ist ein sehr gesundes Gemüse und ein großer Favorit, wenn wir uns daran gewöhnt haben, obgleich es anfangs im Allgemeinen nicht sehr schmackhaft ist. Sie sollten im April ins Frühbeet gesät werden, und wenn der Boden sich erwärmt hat und die Frostgefahr vorüber ist, können sie ausgepflanzt werden, mit 4 oder 5 Fuß Abstand rundum. Die Früchte reifen besser, wenn die Ranken von einem Spalier oder etwas Ähnlichem gestützt werden, das sie ein wenig vom Boden hält."

DAS GARTENHANDBUCH

In der heutigen Welt, da Tomaten allgegenwärtig sind, klingt es unglaublich, dass die Shaker sich an den Geschmack dieser – wie sie es sahen – exotischen Frucht erst gewöhnen mussten. Zu Beginn des 19. Jahrhunderts jedoch wurde in Amerika die Tomate als Zierpflanze gezogen, und man hielt die Früchte für giftig; die Shaker waren also ganz offensichtlich Pioniere, was das Essen von Tomaten betraf. Das *Gartenhandbuch* führt eine Sorte namens 'Large Red' auf und gibt den Lesern Hinweise zum Anbau und Rezepte an die Hand, damit sie sie zu verwenden wussten.

REZEPT

Tomatenketchup

Man sammle sehr gut ausgereifte Früchte, doch vor dem Frost, drücke sie weich und koche sie eine halbe Stunde auf kleiner Flamme, passiere sie dann durch ein Tuch und füge Salz, Pfeffer und Gewürze je nach Geschmack hinzu. Dann erneut kochen und den aufsteigenden Schaum abschöpfen, sodass ein reiner Saft übrig bleibt. Leise weiter köcheln, bis der Saft um etwa die Hälfte reduziert ist, dann abkühlen lassen und in klare Glasflaschen füllen und fest zugekorkt an einem kühlen Ort aufbewahren. Sollte nach einer Weile ein Bodensatz zu sehen sein, den dicken Saft in andere Flaschen abgießen und wiederum fest verkorken.

DAS GARTENHANDBUCH

Rechts:
Tomaten
Obwohl sich der Geschmack von Tomaten aus dem Laden enorm verbessert hat, werden sie nie das Aroma einer sonnengereiften Frucht erlangen. Ich habe im Shaker-Garten drei Sorten gezogen – Cocktailtomaten, Roma- und Fleischtomaten. Eine willkommene Schwemme hatte zur Folge, dass etliche zum Einwecken übrig waren.

Ganz rechts:
Eingeweckte Tomaten
Der Tomatenüberfluss aus dem Shaker-Garten wurde eingekocht, halb getrocknet in Öl und als Püree aufbewahrt.

Rezept

Eingelegte Tomaten

Man wähle kleine Früchte, lasse sie drei Tage in einer Salzlake liegen, tropfe sie gut ab, und auf einen achtel Scheffel Tomaten gebe man ein halbes Pfund besten gemahlenen Senf, eine Unze schwarzen Pfeffers, ein halbes Pfund weiße Senfkörner, eine kleine Menge Meerrettich, eine Unze Nelken und ein halbes Dutzend weiße Zwiebeln in Scheiben. Ein Einkochen ist nicht nötig – man fülle einfach die Gläser mit kaltem Weinessig auf.

Das Gartenhandbuch

Tomaten gehörten in meinem Shaker-Garten zu den wichtigsten Früchten – keine Tomate aus dem Laden kommt auch nur annähernd an den Geschmack einer frisch gepflückten Tomate heran. Ich ziehe gerne zwei oder drei verschiedene Sorten Freilandtomaten: Cocktail-Tomaten für Salate und als Leckerbissen während der Gartenarbeit, Roma-Tomaten für Soßen, zum Einwecken und Trocknen und eine Sorte Fleischtomaten zum Aufschneiden und zum Füllen. Ich habe vor, in der nächsten Saison eine orangefarbene Sorte zu ziehen – Blindproben haben ergeben, dass sie das vollste Aroma haben, obwohl die roten Früchte immer den Vorzug erhalten werden, wenn man die Wahl hat. Schnecken begeistern sich ein wenig zu sehr für den Shaker-Garten; ich habe daher aufrecht wachsende Tomatensorten den buschigen vorgezogen, da sich ihre Früchte leichter vor den Räubern schützen lassen. Tagetes 'Harlequin' wurden zwischen die Tomaten gepflanzt, um Schwebfliegen anzulocken und Blattläuse fernzuhalten.

Gegenüber:

Frisch gepflückte Strauchtomaten

Man sollte nicht der Versuchung nachgeben, das „Paradiesapfel"-Aroma frisch gepflückter Tomaten zu verderben, indem man sie in den Kühlschrank verbannt – einmal gekühlt, verliert der Duft an Intensität. Ein guter Koch wird bestätigen, dass man Tomaten am besten bei Zimmertemperatur in einer offenen Schale aufbewahrt, und selbst die Supermärkte haben festgestellt, dass es hilft, sie an der Ranke zu belassen.

Freilandtomaten sät man zur Frühjahrsmitte mit 2,5 cm Abstand unter Glas. Nach dem Erscheinen der Erstlingsblätter vereinzelt man die Sämlinge in 9 cm große Töpfe. Man lässt sie bei viel Licht gut anwachsen, bis sie im Frühbeet abgehärtet werden können. Junge Tomatenpflanzen sollten dunkelgrün, kurz und stämmig sein. Sind sie hellgrün und schwach, so ist dies ein Zeichen für Nährstoffmangel; sie benötigen dann einen größeren Topf und normalen Flüssigdünger. Nach dem letzten Frost werden sie mit 60 cm Abstand an einem sonnigen Platz in wasserspeichernden, mit Kompost oder gut verrottetem Mist angereicherten Boden gesetzt.

Jede Tomatenpflanze benötigt eine stabile Stange, die man vor dem Pflanzen fest einschlägt. Das hohe Gewicht einer ausgewachsenen, mit Früchten beladenen Tomatenpflanze erfordert einen stärkeren Halt, als ein gewöhnlicher Pflanzenstecken bieten kann. Die heranwachsende Tomatenpflanze bindet man alle 15 cm an der Stange fest. Haben sich vier Fruchttrauben gebildet, so knipst man die Spitze aus und entfernt regelmäßig die Seitentriebe. Alle vierzehn Tage mit flüssigem Algendünger oder einem ähnlichen organischen Mittel düngen.

Wer das Glück hat, unter einer Tomatenschwemme zu leiden, kann eines der Shaker-Rezepte ausprobieren oder dieses Püree zubereiten, das eine ausgezeichnete Grundlage für Soßen, Suppen, Eintöpfe und Nudelgerichte ist.

Rezept

Tomaten-Basilikum-Püree

Zutaten

120 ml Olivenöl („extra vergine")

4 mittelgroße Zwiebeln, fein gehackt

10 große Knoblauchzehen, gehackt

6 große Möhren, geputzt und in Scheiben

1 Staudensellerie, gehackt

2 ½ kg sehr reife Tomaten, gehäutet und zerkleinert

4 große Handvoll Basilikum

½ Flasche Rotwein

Pfeffer und Salz

5 Esslöffel brauner Zucker

2 Esslöffel Weinessig

Zubereitung

Das Öl in einer großen Pfanne erhitzen und die Zwiebeln bei geringer Hitze dünsten, bis sie weich und goldgelb sind. Knoblauch hinzufügen, eine Minute unter Rühren dünsten, dann Möhren und Sellerie hinzufügen und weich dünsten. Tomaten, Basilikum, Wein, Pfeffer und Salz hinzufügen und aufkochen, dann ohne Deckel 2 Stunden auf kleiner Stufe köcheln lassen. Die Soße im Mixer pürieren und wieder in die Pfanne geben. Zucker und Essig hinzufügen und alles sanft köchelnd auf die Hälfte reduzieren. Abkühlen lassen und einfrieren oder in Gläser füllen.

ZUCKERMAIS

„Der Frühe Kanadier ist die früheste Maissorte, die wir anbauen, und wird nur vorgezogen, weil er mehrere Wochen früher reif ist als der gewöhnliche Feldmais. Der Süße oder Zuckermais wird am besten grün gekocht, da er viel länger milchig bleibt und schmackhafter und süßer als alle anderen ist. Er ist um einiges später als der gewöhnliche Feldmais und ist daher zum Verzehr geeignet, wenn der Feldmais bereits zu hart ist. Dieser Mais lässt sich für den Winter konservieren, indem man ihn grün halbgar kocht, vom Kolben schneidet und in der Sonne trocknet. Man bereitet daraus ein gesundes und schmackhaftes Gericht, indem man ihn wie Bohnenbrei bereitet oder als so genanntes Succotash. Man pflanze am 20. Mai, in Hügel von 4 Fuß Abstand. Wie anderen Mais bestellen, durch Pflügen, Anhäufeln etc.“

DAS GARTENHANDBUCH

Links:
Maiskolben
Idealerweise sollte Mais innerhalb von zwanzig Minuten nach dem Pflücken gegessen werden – danach verliert sich die größte Süße und Zartheit.

Rechts:
Durchsichtige Blätter
Die durchscheinenden Umrisse einer jungen Maispflanze, durch die das frühe Morgenlicht leuchtet, zeigen, welche Schönheit in einem ertragbringenden Garten zu finden ist.

Ganz rechts:
Seidiger Bast
Wenn der Maiskolben sich rundet und sein Bart an den Spitzen braun zu werden beginnt, ist er pflückreif.

Die Shaker bauten zwei Arten von Mais an: Gewöhnlichen Feldmais, den sie trockneten und zu Maismehl mahlten oder als Viehfutter verwendeten, und Süßen oder Zuckermais, den sie als frisches Gemüse aßen, zu Succotash verarbeiteten oder für den Winter konservierten. Wenn sie auch sagen, er lasse sich „grün“ am besten kochen, so bedeutet dies nicht, dass sie ihn unreif genossen; vielmehr war dieses ein Vergleich mit der dunkleren Färbung des gewöhnlichen Feldmaises, dessen Körner aufgrund ihres wesentlich höheren Stärkegehaltes nicht so gut schmecken.

Wie die Kartoffeln, so bauten die Shaker auch das Grundnahrungsmittel Mais auf Feldern an. Er war eine unkompliziertere, verlässlichere und ertragreichere Feldfrucht als Weizen. Zuckermais wurde jung gepflückt. Feldmais verblieb bis zur vollen Reife an der Pflanze und wurde dann geerntet und zu einem Mehl gemahlen, das man auch als Indianermehl bezeichnete und zu Broten und Pudding verarbeitete oder als Tierfutter verwendete.

Die zwölf Zuckermais-Pflanzen in meinem Shaker-Garten waren eine reine Geste – es fehlte an Platz für eine lohnende Ernte, aber dennoch erfreu-

Rezept

Mary Whitcher's gekochter indianischer Pudding

Eine Tasse voll Melasse, eine voll Rindertalg in kleinen Stückchen; vier voll Maismehl, ein wenig Salz und genug kochendes Wasser, um einen dicken Teig anzurühren. Locker in ein Tuch binden und zwei Stunden oder länger kochen. Mit Butter und Sirup servieren.

ten wir uns mehrmals an frischem Mais. Ich zog ihn in drei kurzen Reihen neben den Kartoffeln in einem der Hochbeete; die Pflanzen waren zwar nur wenige an der Zahl, doch sie wuchsen gut und brachten reiche Ernte.

Mais lässt sich unter Glas vorziehen oder Mitte Frühling im Freiland säen. Man halte sich an eine einzige Sorte, da sich sonst Kreuzbefruchtungen ergeben, was den Zuckergehalt mindert. Mais muss vollsonnig auf fruchtbarem Boden stehen. Zieht man ihn unter Glas, so legt man jeweils zwei Körner in einen 9 cm großen Topf und lässt nur den stärkeren Sämling groß werden. Im Spätfrühjahr härtet man die Pflänzchen im Frühbeet ab, um sie nach dem letzten Frost mit 60 cm Abstand nicht in Reihen, sondern in Blöcken auszupflanzen. Zur Aussaat ins Freiland drückt man im späten Frühjahr mit dem Pflanzholz 2,5 cm tiefe Löcher mit 60 cm Abstand in gut bereiteten Boden und legt in jedes drei Körner. Jeweils nur einen Sämling stehen lassen. Jungpflanzen werden mit Abdeckhauben oder -vlies vor Frost geschützt.

Der Grund für die Blockpflanzung liegt darin, dass die Befruchtung dieser vom Wind bestäubten Pflanze so am aussichtsreichsten ist. Lückenhafte Maiskolben sind ein Zeichen für schlechte Befruchtung. Man kann den Mais essen, sobald sich

Rezept

Zuckermais-Relish

Zutaten

8 Maiskolben
1 große Zwiebel, fein gehackt
1 rote Paprika, geputzt und gewürfelt
1 grüne Paprika, geputzt und gewürfelt
3 Selleriestangen, gewürfelt
225 g Weißkohl, fein gehackt
200 g Zucker
250 ml Apfelessig
125 ml Wasser
2 Teelöffel frisch gemahlene Senfkörner
½ Teelöffel Kurkuma
1 Teelöffel Salz

Zubereitung

Mit einem scharfen Messer die Maiskörner von den Kolben schneiden; den milchigen Saft der Kolben ebenfalls darauf schaben. Alle Zutaten in eine große beschichtete Pfanne geben und zum Kochen bringen; rühren, bis der Zucker aufgelöst ist. 30 Minuten köcheln lassen, gelegentlich umrühren. In heiße, sterilisierte Gläser füllen und fest verschließen. Kühl und trocken aufbewahren.

Gegenüber:
Mais-Relish
Relishes brachten bei den Shakern Abwechslung in eintönige Wintermahlzeiten; Mais-Relish war einer ihrer Favoriten.

seine Quasten braun färben. Der Zucker beginnt sich gleich nach dem Pflücken in Stärke zu verwandeln; um in den vollen Genuss zu kommen, sollte der Mais also unverzüglich zubereitet werden.

Wer das Glück hat, unter einer Maisschwemme zu leiden, möchte vielleicht ein traditionelles Mais-Relish bereiten. Die Shaker nutzen Relishes und eingelegte Gemüse, um ihre winterliche Ernährung abwechslungsreicher zu gestalten.

Oben:
Maisfeld
Mais wird nicht in Reihen, sondern im Block gepflanzt, da er sonst nur schlecht befruchtet wird und die Kolben später Lücken aufweisen.

ERBSEN & BOHNEN

„Kletterbohnen pflanze man in Hügel mit 3 ½ Fuß Abstand in jede Richtung. Wir ziehen es vor, die Stangen vor dem Pflanzen aufzustellen. Zu diesem Zweck spannen wir eine Schnur und setzen an ihr entlang die Stangen; dann graben wir und lockern die Erde und legen fünf oder sechs Bohnen im Kreis um die Stange, mit 3 Zoll Abstand, und bedecken sie mit weicher Erde etwa 1 oder 1 ½ Zoll hoch. Sind die Pflanzen gut aufgegangen, lockere man den Boden um sie und ziehe die schwächsten aus, so dass in jedem Hügel drei verbleiben. Das sollte getan werden, wenn sie vollkommen trocken sind, denn Bohnen sollte man nie hacken, wenn sie nass sind, und auch nicht, wenn Tau auf ihnen liegt."

DAS GARTENHANDBUCH

Oben:
Bohnen
Stangenbohnen sind am zartesten, wenn sie jung gepflückt werden.

Oben rechts:
Bohnenstangen
Ein stabiles, hohes Klettergerüst ist für Stangenbohnen unerlässlich.

Gegenüber links:
Erbsen
Zuckererbsen sind gerade richtig, wenn die Schoten ihre volle Größe erreicht haben, die Erbsen darin jedoch noch klein sind.

Unten:
Kletterbohnen
Fadenlose Stangenbohnen erleichtern die Zubereitung. Einfach die Enden entfernen und schnippeln.

Die Shaker zogen sowohl Stangen- als auch Buschbohnen. Manche Sorten aßen sie frisch, andere wurden für den Winter eingemacht oder getrocknet. Das *Gartenhandbuch* bietet zwei Stangenbohnen an, 'Clapboard' und 'Cranberry', und drei Buschbohnen, 'Early China', 'Early Purple' und 'Early White'. Frische Bohnen wurden meistens gekocht und mit Butter serviert, doch das Gartenhandbuch empfiehlt auch, dass man zarte junge Bohnen nach dem Kochen „sehr schmackhaft machen kann, indem man sie einige Stunden in Essig einlegt".

Eine weitere Empfehlung lautet: „Die grünen Bohnen können konserviert und frisch gehalten werden, indem man sie in einen Einmachtopf oder ein Fass legt, mit einer Schicht Salz über jeder Bohnenschicht." Trockenbohnen für den Winter reiften an der Pflanze aus; war das Laub abgestorben, wurde die Pflanze mitsamt den Wurzeln aus dem Boden gezogen und im Haus vollständig getrocknet, wonach man die Ranken drosch, um die Bohnen von den Hülsen zu befreien. Das *Gartenhandbuch* empfiehlt, Trockenbohnen zwölf Stunden einzuweichen, sie dann halbgar zu kochen und schließlich vier Stunden lang zu backen oder langsam zu kochen.

In meinem Shaker-Garten bereitete ich zuerst das Beet vor, indem ich einen spatentiefen Graben aushob und mit gut verrottetem Mist füllte; dann folgte ich dem Vorbild der Shaker und setzte erst die Bohnenstangen und dann die Bohnen. Dieses ist viel einfacher, als um die jungen Pflanzen herum zu arbeiten, wo man riskiert, sie zu beschädigen. Je nachdem, wie viele Bohnen man ziehen will, stellt man die Stangen im Kreis oder in parallelen Reihen auf. Ein Kreis aus acht Bohnenstangen, oben zusammengebunden, trägt genug Bohnen für eine vierköpfige Familie, während sich parallele Stangenreihen unendlich fortführen lassen.

Bohnen kann man an Ort und Stelle legen, wie es die Shaker taten, doch ich habe meine vorgezogen, um Schneckenschäden an den empfindlichen Jungpflanzen vorzubeugen.

Kidney-Bohnen

Dies sind empfindliche Pflanzen, die man nicht übereilt in den Boden bringen sollte, bevor die Sonne ihn gut ausgetrocknet und erwärmt hat. Der 1. Mai ist in diesen Breitengraden früh genug (Albany). Die Zwerg- oder Buschbohnen legt man 2 Zoll tief in Rillen mit 20 Zoll Abstand, bei 6 Zoll Abstand in der Reihe.

Das Gartenhandbuch

Den Shakern war klar, dass Buschbohnen empfindlicher sind als Stangenbohnen, und ihren Rat, sich mit dem Pflanzen zurückzuhalten, bis der Boden genügend erwärmt ist, sollte man sehr wohl beherzigen. Zu früh gelegt, verrottet die Saat im Boden; was aufgeht, leidet unter kalter, feuchter Witterung. Bei diesem Gemüse erweisen sich Schutzhauben oder Abdeckvlies als hilfreich.

Erbsen

Die späten, hohen Sorten sät man in doppelten Rillen 4 oder 5 Fuß auseinander und stützt sie mit Reisig. Die frühen Sorten können in erhöhten Reihen von 3 Fuß Abstand und einem Fuß Höhe gepflanzt werden. Hierdurch entstehen Furchen, die das Wasser abführen und die am unteren Ende offen zu halten sind. Entwickeln die Erbsen sich gut, so kann jede zweite Furche für Sellerie vorbereitet werden.

Das Gartenhandbuch

Die Shaker hatten bei ihren Böden mit einer Reihe von Schwierigkeiten zu kämpfen. Schlechte Bodendurchlässigkeit war in einigen der Gemeinschaften ein großes Problem, daher die Betonung auf erhöhten Reihen, Hügeln und Furchen in einem Gutteil ihrer Kulturaufzeichnungen. Solche Maßnahmen sind nicht notwendig, wenn der Boden gut durchlässig ist, doch auf schwereren Böden fördern sie die Ernte. Im Sommer wurden junge Erbsen gepalt und frisch gegessen, Zuckererbsen aß man ganz, und die Haupternte wurde für den Winter getrocknet. Das *Gartenhandbuch* führt vier Erbsensorten auf: 'Early Washington', 'Early Frame', 'Large Marrowfat' und 'Tall Sugar'.

Wenn der Boden nicht bereits alkalisch ist, profitieren Erbsen von leichtem Kalken vor der Aussaat. Man markiert die Reihe mit einer Schnur und zieht mit einer Hacke eine 5 cm tiefe Rille, in die die Erbsen in versetzten Reihen mit 2,5 cm Abstand gesät werden. Mit Erde bedecken und fest mit dem Hackenrücken andrücken. Um die Saat vor diebischen Mäusen zu schützen, bedeckt man die Reihen mit engmaschigem Drahtgeflecht, bis sich Sämlinge zeigen. Erbsenreiser, die man entlang der Reihen in die Erde drückt, stützen die Pflanzen in ihrem Wachstum. Sind Schäden durch Vögel zu befürchten, so spannt man feines schwarzes Garn in dem Reisig, um sie abzuschrecken. Heutzutage werden Erbsen meistens frisch genossen; am besten schmecken sie, wenn sie gepflückt werden, bevor sie ganz reif sind.

Nach der Ernte schneidet man die Erbsen- und Bohnenpflanzen ganz zurück; die Wurzeln jedoch lässt man stehen, damit sie ihren Stickstoffreichtum an den Boden abgeben.

Oben:
Wurzeln
Das Wurzelsystem von Jungpflanzen sollte gut entwickelt sein, bevor man sie umsetzt, darf aber nicht verheddert sein.

Gegenüber, oben:
Kidney-Bohnen
Einige Schoten lässt man vollständig ausreifen, um Saat für die folgende Saison zu erhalten.

Unten:
Erbsen & Bohnen
Von sämtlichen Erbsen und Bohnen kann man eigene Saat ernten; sie muss nur vollständig getrocknet sein, bevor man sie vor Mäusen und Insekten sicher verschließt.

SALATE

Das Gartenhandbuch *erwähnt eine Reihe von Salaten, gibt aber kaum Hinweise auf ihre Zubereitung. Sechs Sorten Blattsalat werden aufgeführt: 'Early Imperial', 'Early Curled', 'Early Dutch', 'Ice Cos', 'Cabbage-Head' und 'Frankfort', und es sagt zu Pfefferkraut (Kresse), es ergebe „einen angenehmen Salat". Die Shaker glaubten, Bleichsellerie sei gut für die Nerven, und das* Gartenhandbuch *enthält eine lange, detaillierte Anleitung, wie dieses sehr aufwendige Gemüse zu ziehen sei, wofür Hügelbeete, Gräben, Anhäufeln und vieles mehr nötig waren. Nur mit viel Mühe erzielt man gute Resultate, besonders zwischen anderen Gemüsen; daher habe ich keinen Sellerie im Shaker-Garten angepflanzt und mich statt dessen für weniger arbeitsintensive Salatzutaten wie Arugula und Spinat entschieden.*

Gurken

Der 20. Mai ist hier früh genug zum Gurkenpflanzen. Hügel sollten rundum 4 Fuß Abstand haben. Letztendlich genügt eine Pflanze pro Hügel; als Vorsorgemaßnahme gegen Insekten sollten jedoch reichlich Samen gelegt und die Pflanzen später ausgedünnt werden.

DAS GARTENHANDBUCH

Die Shaker zogen Gurken auf Hügelbeeten und in Frühbeeten; unempfindlichere Sorten setzten sie auf Pflanzhügel im Freiland. Heute gibt es vielerlei Sorten, die im Freiland gezogen werden können. Man zieht unter Glas Jungpflanzen vor oder legt jeweils zwei Kerne in fruchtbaren, tief bereiteten Boden. Die Triebe werden sorgfältig an Stangen aufgebunden und die Seitentriebe auf zwei Blätter zurückgeknipst, um die Pflanzen kompakt zu halten. Haben die Ranken das Ende der Stange erreicht, wird der Haupttrieb gekappt. Häufig gießen und wöchentlich Flüssigdünger geben. Gurken mit ihren sehr hohen Wassergehalt schmecken bitter, wenn sie an Wassermangel leiden. Am besten schmecken die Gurken, wenn sie gepflückt werden, solange sie noch bereift sind.

In Amerika ist mancherorts der Gurkenkäfer ein Problem – eine späte Saat hilft, den größten Schaden zu verhindern. Holzasche um den Wurzelbereich hilft in Maßen, wie auch Unterpflanzung mit Tagetes.

Unten:
Junger Salat
Dieser junge Blattsalat wartet darauf, in den Garten gesetzt zu werden – die übrigen Blätter eignen sich für einen ersten Salat.

Gegenüber, oben:
Salat
Samenmischungen erlauben es dem Gärtner, sich an einer Reihe verschiedener Salate zu erfreuen.

Gegenüber, unten:
Sommerendivie
Kleinwüchsige Sorten der Sommerendivie, wie 'Little Gem', sind bei Platzmangel ideal.

Blattsalat

So früh wie möglich im Frühjahr, und in Abständen während der ganzen Saison, in 1/2 Zoll tiefe Rillen mit 1 Fuß Abstand säen. Die frühen Sorten dünnt man nur wenig aus, doch Kopfsalat sollte 8 bis 10 Zoll auseinander stehen, oder er bildet nur mittelmäßige Köpfe oder, steht er gar zu dicht, überhaupt keine.

Das Gartenhandbuch

Wie Radieschen sollte man Blattsalat sparsam aber häufig säen, um gleichmäßig versorgt zu sein; wer sehr wenig benötigt, kann eine der Pflücksalat-Sorten ziehen. In meinem Shaker-Garten, in dem der Platz sehr begrenzt war, säte ich den Salat in Kisten und setzte ihn später in die Lücken zwischen dem übrigen Gemüse.

Paprika

„Diese sät man im April ins Hügelbeet und pflanzt sie am 1. Juni aus, mit 2 Fuß Abstand in jeder Richtung." Das *Gartenhandbuch* führt drei Sorten Paprika auf, welche die Shaker anbauten: 'Squash', 'Sweet Bell' und 'Large Bell', und sagt über den Gemüsepaprika ('Sweet Pepper'), er werde „gewöhnlich als Salat zubereitet, wenn vollständig ausgereift; oder der Samenstand lässt sich herausziehen und die Höhlung mit Hackfleisch füllen, welches, so gebacken, einen angenehm würzigen Geschmack annimmt".

In Ermangelung eines Hügelbeetes zog ich meine Paprika unter Glas an und setzte sie nach dem letzten Frost aus; den gut gedüngten Boden hatte ich unter Abdeckhauben vorgewärmt. Ich wählte eine geschützte Stelle im Garten in voller Sonne. Paprika benötigt viel Wasser und wöchentlich Flüssigdünger. Sind die Pflanzen 20 cm hoch, knipst man den Haupttrieb aus, um die Bildung von Seitentrieben zu fördern.

RUCOLA

Zwar gehörte Rucola nicht zu den Salaten, welche die Shaker zogen, doch ich habe ihn in meinen Garten aufgenommen, da er so delikat schmeckt, einfach zu ziehen ist und heute in jeden Garten gehört. Bei sehr begrenzten Platzverhältnissen lässt er sich sogar in Saatkisten oder Kästen ziehen. Er stellt wenige Ansprüche an den Boden, lässt sich gut von Mitte des Frühlings an säen (unter Abdeckhauben eher), und hat er erst einmal gekeimt, so wächst er munter und ohne jedes Aufheben weiter. Man erntet ihn, wenn er 15 cm hoch ist, und sorgt für gleichmäßige Folgesaaten.

Oben:
Rauke
Rauke oder Rucola wächst unglaublich schnell. Am besten schmecken zarte Blättchen.

Gegenüber:
Radieschen
Man sät während des ganzen Sommers immer wieder aus und erntet häufig.

RADIESCHEN & RETTICHE

„Wie Zwiebeln säen und kultivieren. Da sie schnell für den Tisch zu groß werden, sollten sie einmal alle vierzehn Tage gesät werden, damit man während der ganzen Saison versorgt ist." Im *Gartenhandbuch* sind eine Reihe von Retticharten aufgeführt, sowohl Radieschen, darunter 'Short Top Scarlet', als auch größere Winterrettiche, darunter eine Sorte namens 'Schwarzer Winter'. Radieschen gehören zu den anspruchslosesten Salatzutaten, doch die Shaker empfehlen die regelmäßige Aussaat wirklich zu Recht: „Ein frisch geerntetes junges Radieschen ist ein Genuss – für ein altes spricht nur wenig." In meinem Shaker-Garten säte ich in regelmäßigen Abständen 60 cm lange Reihen, wo immer der Platz es gestattete. Dies schenkte mir eine mittelgroße Ernte, ohne dass ich täglich davon essen musste!

SPINAT

Obgleich das *Gartenhandbuch* eine Sorte „Spinat, rundblättrig" aufführt, gibt es weder eine Kulturanleitung noch Rezepte. Dieses Gemüse ist schnellwachsend und pflegeleicht und gedeiht am besten in fruchtbarem Boden und leichtem Schatten – in voller Sonne schießt es vorzeitig. Während der Wachstumszeit einmal pro Monat in seichte Rillen mit 30 cm Abstand säen, auf 15 cm Abstand ausdünnen.

EDLES GEMÜSE

Nach den ersten hungrigen Jahren wurden die Shaker für die Qualität ihrer Ernährung bekannt, die häufig von Beobachtern aus der „Welt" gepriesen wurde. Wie andere Amerikaner jener Zeit – und immer noch – experimentierten sie gern mit der neuesten Diät, einschließlich einer vegetarischen Lebensweise, welche die Shaker-Gemeinschaften in mehr oder weniger großem Maße übernahmen. Abgesehen von den alltäglicheren Gemüsearten freuten sich die Shaker auf einige eher außergewöhnliche Gemüse, mit denen ihre Tische – je nach Jahreszeit – gesegnet waren und welche sie sehr genossen. Das Gartenhandbuch *verzeichnet in seinem Angebot an Gemüsesamen unter anderem Spargel, Auberginen und Meerkohl.*

ARTISCHOCKEN

Artischocken werden von den Shakern nicht erwähnt, doch hätten sie in ihrem Gemüsegarten welche gezogen, so hätten sie sie gewiss als besonderen Leckerbissen betrachtet. In milderen Gegenden lassen sich Artischocken als mehrjährige Pflanzen halten, doch die ertragreichste Methode ist es, alljährlich zur Frühjahrsmitte neue Seitentriebe zu pflanzen. Artischocken erfordern tiefgründig vorbereiteten, fruchtbaren, wasserspeichernden Boden in sonniger, geschützter Lage, wo man sie mit einem Meter Abstand setzt. Man erntet Artischocken, solange sie noch fest geschlossen sind. Nach der Ernte die Pflanzen auf 30 cm zurückschneiden und mit Mist mulchen, sofern sie überwintern sollen.

Oben:
Spargel
Die Shaker waren dem Spargel sehr zugetan, den sie als „gut essbares" Gemüse bezeichneten – anders ausgedrückt, er schmeckte ihnen vorzüglich.

Gegenüber:
Baby-Artischocke
Zwar bauten die Shaker sie nicht an, doch die Gemüseartischocke ist eine wenig anspruchsvolle Pflanze und sollte, sofern der Platz es zulässt, in keinem Garten fehlen.

SPARGEL

Dieses ist ein sehr wohlschmeckendes, gut essbares Gemüse und leicht zu ziehen, ist der Boden einmal bereitet. Man bereite das Beet, indem man reichlich starken Mist in den Boden einarbeitet, bis zu einer Tiefe von 18 Zoll. Man ebne die Oberfläche, spanne eine Schnur und markiere mit einer Hacke, einer Schaufel oder einem Pflug Furchen von 6 Zoll Tiefe und 2 Fuß Abstand. In diesen Rillen, oder besser Furchen, setze man die Spargelwurzeln 20 Zoll auseinander; diese Wurzeln werden sich ausbreiten, und in einigen Jahren wird der Spargel überall im Beet austreiben. Nach dem Aussetzen ebne man die Beetoberfläche und lasse ihn hochschießen. In jedem Frühjahr sollten die Stängel kleingeschnitten und fortgeschafft oder auf dem Boden verbrannt werden. Die Knospen oder jungen Triebe, welche der essbare Teil sind, können im dritten Jahr gestochen werden; im ersten Jahr sollte man nur sparsam stechen, doch danach kann man damit bis zum 1. Juli fortfahren, worauf eine Schicht Mist zu verteilen und einzuarbeiten ist und man den Spargel wachsen und sich aussamen lasse.

DAS GARTENHANDBUCH

Spargelpflanzen kauft man als Wurzelstock, welcher über Nacht eingeweicht und dann derart in Gräben mit aufgeworfener Mitte gesetzt wird, dass die Triebspitze höher liegt als die Wurzeln. Der Boden sollte gründlich gedüngt und mit etwas Kalk und Fisch-, Blut- und Knochenmehl versehen sein. Anstatt das Laub den Winter über an der Pflanze zu belassen, was Schädlinge und Krankheiten fördern kann, sollte man im Herbst das vergilbende Laub entfernen und eine schützende Mulchdecke aus gut verrottetem Mist oder Kompost aufbringen. In Deutschland gilt Johanni (24.6.) als letzter „Stichtag" für Spargel.

Auberginen

Man pflanze sie gegen Ende Mai aus in ein fruchtbares, warmes Landstück, in Reihen 3 Fuß auseinander und mit 2 Fuß Abstand in der Reihe. Sie tragen Früchte, wenn sie etwa 1 Fuß hoch sind, welche richtig bereitet von vielen als Eiern gleichkommend geschätzt werden. Manche mögen sie sehr gern in Scheiben geschnitten und mit Schinken gebraten.

Das Gartenhandbuch

Die Shaker säten ihre Auberginen Mitte März ins Hügelbeet und vermieden es, sie auszupflanzen, bevor sich der Boden genügend erwärmt hatte. Auberginen verlangen nach einem sonnigen, geschützten Platz und gut gedüngtem Boden, welcher – sofern im sauren Bereich – leicht zu kalken ist. Pflanzen mit Stangen stützen und anbinden. Man lässt fünf Früchte pro Pflanze ansetzen und entfernt alle weiteren Blüten, sobald diese Früchte gut wachsen. Wöchentlich Flüssigdünger geben. Auberginen sollten gepflückt werden, solange sie steif und glänzend sind; an der Pflanze belassen, entwickeln sie einen bitteren Geschmack.

Rezept

Gebratene Aubergine

In Scheiben von etwa einem viertel Zoll Stärke schneiden, in eine Schüssel geben und kochendes Wasser darüber gießen, ein oder zwei Minuten stehen lassen; das Wasser abgießen, mit Pfeffer und Salz würzen oder mit Thymian, Majoran oder Bohnenkraut, je nach Geschmack; mit Mehl bestäuben und in eine Bratpfanne mit bereits heißem Rinderfett oder Talg geben. Ist eine Seite gebräunt, wende man sie und bräune die andere.

Das Gartenhandbuch

Gegenüber:

Aubergine (Eierfrucht)

Die Aubergine gehörte zu den exotischeren Gemüsearten, welche die Shaker zogen. Sie hegten sie sorgsam im Hügelbeet, bis es warm genug war, sie ins Freiland zu setzen.

Links:

Roter Mangold

Roter Mangold ist so dekorativ wie wohlschmeckend. Er hält sich bis in den Winter; in milderen Gegenden wächst er sogar bis zum Frühjahr weiter.

Roter Mangold

Dieses Gemüse habe ich ganz im Sinne der Innovationsfreudigkeit der Shaker in meinen Garten mit aufgenommen. Obgleich es im *Gartenhandbuch* nicht aufgeführt ist, denke ich, dass es mit der eindrucksvollen Färbung von Laub und Stielen und den wohlschmeckenden Blättern, die jung als Zutat zu Rohkostsalaten und später wie Spinat gekocht verwendet werden, ganz das Prinzip von „Schönheit und Nutzen" verkörpert. Es ist außerdem eines der ausdauerndsten Gartengemüse, das viele Monate lang vom Frühsommer bis zum Winter immer neue Blätter hervorbringt. Roten Mangold zieht man in fruchtbarem, wasserspeicherndem, alkalischem Boden (wenn nötig kalken). Mitte des Frühjahrs in Reihen mit 35 cm Abstand säen. Sämlinge auf 30 cm verziehen. Bei der Ernte die äußeren Mangoldblätter abreißen – nicht schneiden, da die Pflanze sonst blutet.

Meerkohl

Dies ist eine kapitale Sache; Pflege und Verwendung sind die gleichen wie beim Spargel. Die Samenhülsen vor der Aussaat anbrechen.

Das Gartenhandbuch

Dieses Gemüse wird heutzutage selten angepflanzt, und obwohl es blanchiert von wirklich angenehmem Geschmack ist, überstiegen der Aufwand und der Platzbedarf meine Möglichkeiten und die meines bescheidenen Shaker-Gartens. Wurzelstöcke sind gelegentlich bei Spezialhändlern zu erhalten.

Pflanzgemeinschaften

„Wir machten einen Versuch und streuten Tomatenranken unter Pflaumenbäume, um den Pflaumenstecher fernzuhalten; und ein Baum, von dem wir bisher unweigerlich alle oder doch fast alle Pflaumen verloren hatten, trug eine schöne Menge herrlichster Früchte. Wir werden diese einfache Maßnahme in Zukunft ergreifen."

Das Shaker-Manifest (1878)

Pflanzgemeinschaften haben eine lange Tradition, die über Generationen von Gärtnern weitergereicht wurde, und die Shaker praktizierten gewiss manches davon in ihren Gärten. Aufgrund ihrer Gewohnheit, sorgfältige Aufzeichnungen zu machen, wären sie sicherlich in der Lage gewesen zu beurteilen, welche Kombinationen wirkungsvoll sind und welche einfach nur Volksmärchen, doch unglücklicherweise konnte ich einzig den obigen Kommentar zu diesem Thema finden.

Pflanzgemeinschaften dienen dreierlei Zwecken. Zum einen hat man festgestellt, dass manche Pflanzen Insekten abschrecken und daher ein geeignetes Mittel sind, um eine Feldfrucht vor Befall zu schützen. Zum zweiten kann die Einbeziehung von Pflanzen, welche nützliche Raubinsekten anziehen, schadensbegrenzend wirken, und drittens glaubt man, dass manche Pflanzkombinationen einen symbiotischen Effekt auf das Pflanzenwachstum haben, d.h. beide Pflanzen scheinen besser und gesünder zu wachsen, als wenn sie alleine stehen.

Von allen Begleitpflanzen ist die Studentenblume, Tagetes, der effektivste Insektenschutz. In meinem Shaker-Garten habe ich eine alte Sorte namens 'Harlequin' gezogen. Diese Pflanze stammt aus den 70er Jahren des 19. Jahrhunderts und ist eine hohe Sorte mit verblüffenden, rot-gelb gestreiften Blüten. Zwischen Tomaten gesetzt wirkt ihr intensiver Geruch als Abwehrmittel gegen Blattläuse. Zwischen Kohlpflanzen hält sie den Kohlweißling fern, und die Absonderungen ihrer Wurzeln schützen Kartoffeln wirksam vor Älchenschaden (Nematoden). Möhren sät man seit alters her neben Zwiebeln, um sowohl die Möhrenfliege als auch die Zwiebelfliege fernzuhalten. Es ist nicht recht erwiesen, dass dieses Verfahren gegen die Möhrenfliege hilft, da man eine physische Barriere benötigt, um sie fernzuhalten – nachgewiesenermaßen sind ein Fliegengitter oder eine Lage Abdeckvlies wirkungsvoller.

Pflanzen einzubeziehen, welche Nutzinsekten anziehen, entspricht dem gesunden Menschenverstand. Duftende Kräuter locken Bienen in den Garten, und sowohl Tagetes als auch Ringelblumen wirken auf Schwebfliegen ausgesprochen anziehend, wie auch Mohn und Kapuzinerkresse. Was die symbiotische Pflanzung betrifft, so soll Borretsch den Erdbeeren förderlich sein. Die Kombination von Zuckermais und Kartoffeln soll beide Sorten verbessern, während Kerbel, den man neben Radieschen sät, angeblich die Radieschen schärfer macht. Dieser Aspekt der Pflanzgemeinschaft ist der fragwürdigste, da hier so viele Variablen zusammenkommen, wie Klima, Lage und Bodenverhältnisse, die ebenfalls die Entwicklung einer Pflanze beeinflussen.

Gegenüber, oben:
Zwiebel & Möhre
Das Nebeneinanderpflanzen von Möhren und Zwiebeln soll vor der Möhrenfliege schützen. Nach meiner Erfahrung ist jedoch nur eine handfeste Barriere wirklich wirksam.

Unten:
Tomate & Tagetes
Tagetes sind ein wirkungsvolles Mittel, um Blattläuse fernzuhalten; ihre leuchtenden Farben locken willkommene Nutzinsekten an.

Ganz rechts:
Kartoffel & Mais
Es heißt, sowohl Kartoffeln wie Mais wachsen besser, wenn man sie nebeneinander pflanzt.

„Sie verzehren viel Obst;

sie essen es zu jeder Mahlzeit.“

CHARLES NORDHOFF,
COMMUNISTIC SOCIETIES OF THE UNITED STATES (1875)

OBST

Fragaria x

„Melonen und andere erlesene oder ungewöhnliche Früchte sind der Familie gleichmäßig zuzuteilen, soweit vereinbar; und kein Mitglied soll sie ziehen oder sammeln, um sie bestimmten Einzelpersonen zu geben, weil er sich einen Vorteil oder Zuneigung erhofft.“

DIE TAUSENDJÄHRIGEN GESETZE (1845)

Welch seltener Genuss Melonen für die Shaker gewesen sein müssen, lässt sich daran ermessen, dass sie sie als möglicherweise korrumpierenden Einfluss betrachteten. In Zeiten, bevor Obst ganz selbstverständlich aus wärmeren Gegenden herbeitransportiert wurde, hatten die Gemeinschaften im Norden sicher nur wenig Gelegenheit, diese Frucht zu kosten, wenn Wassermelonen auch in South Union/Kentucky oft gegessen wurden. Ein Shaker-Gärtner in Neuengland hätte all sein Können aufbieten müssen, um Melonen im Hügelbeet vorzuziehen, und sobald sie ausgepflanzt waren, hätte schlechtes Wetter leicht die Ernte verderben können. Vielleicht lautet daher eine andere Regel der *Tausendjährigen Gesetze*, „Gläubige dürfen ihre Zeit nicht damit verbringen, Früchte und Pflanzen zu ziehen, die nicht an das Klima adaptiert sind, in dem sie leben“.

Bedenkt man, wie viel zusätzliche Zeit und Mühe notwendig sind, um eine Frucht außerhalb ihres natürlichen Klimas zu ziehen, so ist dies ein guter Rat für jeden Gärtner, abgesehen von ganz besonders hingebungsvollen und enthusiastischen Personen. Nichtsdestoweniger waren die Shaker-Gärtner ausgesprochen experimentierfreudig; ständig veredelten sie und erprobten neue Sorten, um festzustellen, was unter ihren ganz besonderen Bedingungen gut gedieh und was nicht, und sie aßen vielerlei und reichlich Obst.

Gegenüber:
Reicher Gartensegen
Einst waren die Gärten der Shaker unübertroffen; für die Mitglieder der Gemeinschaft und den Markt wurden hier Obst und Gemüse in gewaltigen Mengen hervorgebracht.

Abhängig von dem jeweiligen Klima bildeten Äpfel, Birnen, Quitten, Pfirsiche, Kirschen und Beeren einen regelmäßigen Bestandteil der Ernährung der Gemeinschaft; sie verzehrten sie entweder frisch oder – außerhalb der Saison – eingelagert, konserviert oder getrocknet. Beerenobst wurde außerdem zu Eiskrem verarbeitet – in North Union bauten die Shaker 1874 ein Eishaus, in welchem sie das Eis aufbewahrten, das sie während des Winters von ihren Seen schnitten, und eine motorisierte Eiskrem-Maschine war eine von vielen Shaker-Erfindungen für die Küche.

Die Apfelschälmaschine stammt ebenfalls von den Shakern, und sie muss in den Küchen sehr willkommen gewesen sein, wo alljährlich eine Unmenge an Äpfeln zu bewältigen war, die den Einsatz der ganzen Gemeinschaft beim Einbringen, Vorbereiten und Trocknen eines Großteils der Ernte und beim Kochen von Apfelmus erforderte, welches täglicher Bestandteil der einen oder anderen Mahlzeit war. Obstpudding, Gelee, Kuchen und Marmelade aus der Shaker-Küche fanden bei den Besuchern aus der „Welt“ guten Absatz; angezogen durch die überlegene Qualität von Waren und landwirtschaftlichen Erzeugnissen der Shaker waren sie häufige Gäste in ihren Dörfern.

Beerenobst

„Die Flure waren von Duftwolken kochender Früchte und Gewürze erfüllt, die der Küche im Kellergeschoss entströmten.“

Ein Besucher von Sabbathday (1910), The Four Seasons of Shaker Life

Erdbeeren

Die Shaker züchteten unterschiedliche Erdbeersorten und boten sie in ihren Samenkatalogen an. Eine unbescheiden als „Großartige Austin-Shaker-Saaterdbeere, Größte Erdbeere der Welt“ bezeichnete Frucht wird als „bemerkenswert im Geschmack wie auch in Größe und Ertrag“ beschrieben, mit Beeren, die angeblich 12,5 cm maßen. Erdbeeren waren dem Shaker ein sehr beliebtes Sommerobst – kamen sie auf den Tisch, so fanden sie häufig in den Tagebüchern Erwähnung. Zweifellos verkosteten die Shaker diese und andere Sorten für die Gärtner der Gemeinschaft. Heutzutage treten wir übergroßen Früchten und Gemüsesorten skeptisch gegenüber; wir fürchten, dass bei dem Streben nach Größe der Geschmack vernachlässigt wurde. Eine aromatische Erdbeere von mehr als 10 Zentimetern klingt zu gut, um wahr zu sein – und wenn man ehrlich ist, muss man zugeben, dass die Shaker in ihrer Werbung manchmal Behauptungen aufstellten, wie man es heute nicht mehr wagen würde.

Ich setzte eine Reihe Erdbeeren in eines der Hochbeete in meinem Shaker-Garten und wählte dafür eine Sorte, die aromatische Beeren einer bescheideneren Größe hervorbringt. Erdbeeren gedeihen am besten in sonniger Lage in gut durchlässigem, mit Kompost oder Mist angereichertem Boden, wobei gute Luftzirkulation Mehltauproblemen vorbeugt. Traditionell pflanzte man im Spätsommer, damit die Erdbeeren das nächste Jahr fruchteten, doch inzwischen sind kühl überwinterte Pflanzen zu kaufen, die noch im selben Jahr Frucht tragen, wenn man sie zwischen Mai und Juni setzt. Man drückt die Erdbeerpflanzen fest in gründlich aufgelockerten Boden, wobei darauf zu achten ist, dass die Wurzeln bis tief unten ins Loch reichen und vollständig mit Erde bedeckt werden, die Pflanze selbst sich jedoch über der Erde befindet.

Gegenüber:
Erdbeeren
Strohmulch hält die Beeren trocken und frei von Erdspritzern.

Oben links:
Erdbeerblüten
Sollen die Erdbeerpflanzen gut Frucht ansetzen, so sollte man sie während der Blüte reichlich gießen.

Rechts:
Beerenkonfitüre
Selbstgemachte Konfitüre ist die perfekte Lösung, einer Beerenschwemme zu begegnen.

Zeigt sich später bei einigen Pflanzen nur zögerndes Wachstum, so entfernt man ihre ersten Blüten, um die Entwicklung von Wurzeln und Blättern zu fördern. Die Beeren, die ansetzen, dürfen keinen Bodenkontakt haben. Die althergebrachte Methode besteht darin, Stroh unterzulegen, was auch attraktiver aussieht als Plastik; einen Mulch aus Kiefernnadeln jedoch schätzen Erdbeeren ganz besonders.

Vor diebischen Vögeln schützte ich meine reifenden Früchte mit einzelnen Bambushauben, die im Shaker-Garten genau die richtige Wirkung hatten, doch Vogelschutznetze lassen sich ebenso verwenden. Nach der Ernte wird das Laub bis auf 2,5 cm an die Pflanze zurückgeschnitten; mitsamt dem Strohmulch wandert es auf den Kompost. Mit Kalidünger kopfdüngen. Die Pflanzen bringen mit dem neuen Laub auch Ausläufer hervor; von diesen wählt man die besten aus und bewurzelt sie in kompostgefüllten Töpfchen, ohne sie von der Mutterpflanze abzutrennen. Für höchste Erträge sollte man das Erdbeerbeet nach zwei Ertragsjahren neu bepflanzen.

Rezept

Beerenkonfitüre

Mit Pektin versetzter Gelierzucker verkürzt die Zubereitungszeit von Konfitüre um einiges.

Zutaten

1 kg Beerenobst
600 ml natürtrüber Apfelsaft
1 kg Gelierzucker

Zubereitung

Beeren und Apfelsaft in einem großen Topf zum Kochen bringen. 5 Minuten sanft köcheln lassen, dabei vorsichtig rühren. Den Zucker zugeben und unter Rühren auflösen. 4 Minuten sprudelnd kochen lassen, 15 Minuten stehen lassen und dann in vorgewärmte trockene Gläser füllen.

Johannisbeeren & Stachelbeeren

Ein Hinweis, dass Rhabarber früher reift als Johannisbeeren und Stachelbeeren, lässt darauf schließen, dass die Shaker auch diese Beeren zogen. Da jedoch ein einzelner Busch eine Fläche von eineinhalb Metern Durchmesser beansprucht, sind sie nur für größere Gärten geeignet, und obgleich diese Beeren alle köstlich sind, sind sie doch anfällig für eine Reihe von Schädlingen und Krankheiten, weshalb ich sie in meinen Shaker-Garten nicht pflanzte.

Unten:

Stachelbeeren

Die Stachelbeere ist eine häufig unterbewertete Frucht. Die Tischsorten, die zu einem leuchtenden Goldgelb oder Dunkelrot heranreifen, schmecken frisch wunderbar. Gekochten Stachelbeeren verleihen Holunderblüten ein Muskateller-Aroma.

Rechts:

Schwarze Johannisbeeren

Ein schwarzer Johannisbeerbusch ist nicht gerade ideal für den kleinen Garten, da er zu einer ziemlichen Größe heranwächst, doch wer den Platz hat, sollte dieses wohlschmeckende Beerenobst pflanzen, das außerdem reich an Vitamin C ist.

Links:
Brombeerblüten
Wilde Brombeerbüsche sind so dornig, dass es manchmal schwierig ist, die zwarte Schönheit der Blüten aus der Nähe zu bewundern.

Rechts:
Brombeeren
Reife Brombeeren im Shaker-Garten. Die dornlosen Arten sind viel leichter zu ziehen und zu pflegen – aber die Früchte sind ebenso köstlich.

Brombeeren

In kühleren Regionen ist die Brombeere eine beliebte Herbstfrucht, welche die Shaker gewiss wild sammelten und frisch genossen oder aber zu Kuchen und Gelees verarbeiteten. Die neuen stachellosen Sorten sind gut für den Garten geeignet, und so setzte ich zwei der Rankgewächse an den Lattenzaun meines Shaker-Gartens. Den Boden hatte ich mit reichlich kompostiertem Mist und einer Spur Knochenmehl angereichert. Zwischen zwei Pflanzen sollten 3 m Abstand eingehalten werden; die Ruten sind nach dem Einpflanzen auf 15 cm zurückzuschneiden. 60 cm über dem Boden beginnend und in Abständen von 30 cm bis ganz oben drehte ich Ösen in den Zaun, durch die ein Draht gespannt wurde. Die Ruten werden nach und nach an den Drähten hochgebunden. Sind sie abgeerntet, so schneidet man sie bis auf den Boden zurück und bindet den Neuaustrieb auf, bereit für eine neue Ernte.

Blaubeeren

Die Shaker sammelten im 19. Jahrhundert wilde Blaubeeren, um sie als Geschmacksbeimischung für Medizin und in der Küche zu verwenden. Blaubeeren benötigen sauren Boden und sind ein langfristiges Unternehmen, da drei bis acht Jahre vergehen, bevor sie fruchten. Da sie sich selbst nicht aussäen, ist es nötig, mehr als eine Sorte zu pflanzen. Man pflanzt im Herbst in Boden, der mit Mist und Knochenmehl angereichert wurde, und versorgt sie jährlich mit Mulch und einer Kopfdüngung.

Himbeeren

Himbeerbüsche gedeihen am besten auf schwerem, fruchtbarem Boden, wo man sie im Herbst in einen Graben auf eine Lage Mist und Knochenmehl setzt. Die Ranken sollten dabei man ein wenig tiefer als die Erdspuren an den Trieben sitzen und auf 15 cm zurückgeschnitten werden. Den Neuaustrieb befestigt man mit 10 cm Abstand an waagerechten Drähten, die an 1,5 m hohen Pfosten zu beiden Enden des Grabens befestigt sind. Die Haupttriebe 10 cm über dem obersten Draht abschneiden. Sind die Beeren geerntet, so schneidet man die abgeernteten Ruten bis auf den Boden herunter, wählt die kräftigsten neuen Schösslinge aus und bindet sie auf. Mit Netzen werden die reifenden Beeren vor Vögeln geschützt.

Rezept

Himbeer-Essig

Auf zwei Liter Himbeeren gebe man einen halben Liter Apfelessig. Nach zwei bis drei Tagen zerdrücke man die Beeren und filtere durch ein Tuch. Pro halben Liter gebe man ein Pfund Zucker zu. Zwanzig Minuten kochen lassen und abschöpfen. Abgekühlt in Flaschen füllen. Mit Wasser verdünnt ergibt es ein erfrischendes Getränk.

Mary Whitcher's Shaker House-Keeper (1882)

RHABARBER

„Sehr frühzeitig im ersten Jahr in Rillen aussäen, mit zwei Fuß Abstand und 1 Zoll tief. Auf 10 Zoll ausdünnen. Das zweite Jahr auf 4 Fuß Abstand in jede Richtung verpflanzen. Vor Sonne schützen, im ersten wie im zweiten Jahr, bis sie gute Wurzeln haben. Samenstände nicht hochkommen lassen. Die Blattstiele, klein geschnitten und zubereitet, sind ebenso gut für Kuchen wie Johannisbeeren oder Stachelbeeren und sechs Wochen früher. Die Wurzeln werden für Medizin verwendet."

DAS GARTENHANDBUCH

Rhabarber trägt äußerst reiche Ernte, sobald er gut Wurzeln gefasst hat, und sollten die Shaker seinen Anbau in größerem Rahmen betrieben haben, um getrocknete Wurzeln zu medizinischen Zwecken zu erhalten, so würde das erklären, warum das *Gartenhandbuch* entsprechenden Rezepten einigen Raum widmet. Sie müssen entsetzlich viel Rhabarber gehabt haben! Ein oder zwei Rhabarberpflanzen sind für den durchschnittlichen Haushalt reichlich.

Wurzelstöcke pflanzt man im Spätherbst in angereicherten wasserdurchlässigen Boden, dessen pH-Wert gegebenenfalls mit Kalk erhöht wurde. Pro Pflanze rechnet man einen Meter. Im ersten Jahr dürfen keine Blätter geschnitten oder gepflückt werden. Im Spätherbst das restliche Laub abschneiden und mit reichlich Kompost oder gut verrottetem Mist kopfdüngen. Im Frühjahr eine Treibglocke oder einen großen Topf über die Pflanzen stülpen, um neue hellrosa, zarte, köstliche Schösslinge vorzutreiben.

Die Shaker-Schwestern backten gewaltige Kuchenmengen, und der bei ihnen gebräuchliche Name „Kuchenpflanze" lässt darauf schließen, dass Rhabarber dabei eine prominente Rolle spielte. Dieses Rezept aus dem *Gartenhandbuch* könnte bei der Bewältigung einer Rhabarberschwemme behilflich sein!

REZEPT

Rhabarberkuchen

Man putze und wasche ein oder zwei Dutzend Rhabarberstiele; gebe sie in einen Suppentopf, mit der Schale einer Zitrone, ein wenig Zimt, zwei Nelken und genügend feuchtem Zucker, um sie zu süßen; setze sie über ein Feuer und koche sie zu einer Marmelade ein, passiere sie durch ein feines Sieb; dann füge man die Schale einer Zitrone hinzu und eine halbe geriebene Muskatnuss, ein viertel Pfund gute Butter und das Gelbe von 4 Eiern und von einem das Eiweiß, und verrühre alles gut miteinander; man lege eine Pasteten-Form, die ausreichend groß ist, mit einem guten Blätterteig aus, gebe die Mischung hinein und backe sie eine halbe Stunde.

SHAKER-REZEPT

Rhabarber
Rhabarber sollte jung geerntet werden; am leckersten sind früh im Jahr unter einer Glocke getriebene zarte Stiele. Ältere Blattstiele sind schärfer im Geschmack, von eher faseriger Konsistenz und insgesamt weniger verlockend. Die Blätter der Rhabarberpflanze sind giftig und dürfen auf keinen Fall gegessen werden.

Baumobst

„Ein Baum hat seine Bedürfnisse und Wünsche, und man muss ihm gegenüber aufmerksam sein, so wie ein Lehrer seinen Schüler beobachtet, um zu sehen, was er kann. Ich weiß nicht, ob der Baum uns erkennt; ich denke, vielleicht; doch ich bin sicher, er fühlt es, wenn man für ihn sorgt und ihn hegt, wie ein Kind oder eine Frau. Als wir nun diesen Obstgarten anlegten, besorgten wir zuerst die allerbesten Steckhölzer, die wir erhalten konnten; dann bauten wir jeder Pflanze ein Haus, darin zu wohnen, mit anderen Worten, wir gruben einer jeden ein tiefes Loch; wir legten eine gute Dränage; wir taten Fliesen und Schutt hinein und füllten dann eine Lage geeigneten Mistes und Humus hinein; wir setzten die Pflanze sanft in ihr Nest und drückten die Erde an; und schützten das Baumkind mit diesem Eisenzaun."

Hepworth Dixon – Das Volk mit Namen Shaker

Rezept

Getrocknete Apfelringe

Feste Äpfel in dünne Scheiben schneiden; in eine Mischung aus gleichen Teilen Zitronensaft und Wasser tauchen. Auf Holzspieße fädeln und an einem warmen, luftigen Ort trocknen lassen.

Diese schöne Beschreibung weckt in mir das Verlangen, hinauszueilen und meinen eigenen Obstgarten anzulegen – nicht mit halb ausgewachsenen Bäumen, wie es heute üblich ist, sondern mit kleinen Setzlingen, die ich zu voller, reichtragender Größe heranziehen kann. Es ist offensichtlich, dass der Sprecher die Entstehung eines voll ausgewachsenen Obstgartens beschreibt, und er spricht voller Liebe von den Bäumen; an seiner Beschreibung der nötigen Vorbereitungen für die „Nester" der jungen Bäume sollte sich jeder ein Beispiel nehmen, der einen Baum pflanzen will.

Ein Obstgarten ist eine langfristige Verpflichtung, nichts, das man überstürzt in Angriff nehmen sollte, und daher lohnt es sich, einige Zeit auf die Bodenvorbereitung und die Wahl solcher Sorten zu verwenden, die für die jeweiligen Zwecke geeignet sind und in der vorgesehenen Lage gedeihen. Bäumchen aus einer spezialisierten Baumschule sind solchen aus dem nächsten Gartencenter vorzuziehen – dort bieten sich eine größere Auswahl und bessere Bäume. Man kann zwar Obstbäume im Topf kaufen, doch zwischen Spätherbst und Frühjahrsbeginn erhält man für weniger Geld wurzelnackte Bäumchen, die oft auch besser anwachsen. Sie lassen sich während dieser Zeit jederzeit pflanzen, vorausgesetzt, der Boden steht nicht voller Wasser oder ist gefroren. Löcher lassen sich bereits vorher ausheben und vorbereiten und mit einer wasserdichten Plane abdecken. Bevor man den jungen Baum pflanzt, wird ein kräftiger Pfahl fest eingeschlagen, an dem der Baum mit einem vernünftigen Baumbinder befestigt wird, der mitwachsen kann. Umgebenden Boden von Unkraut freihalten.

Links:

Birne

Wie bei den meisten Obstsorten erhält man auch Birnbäume in unterschiedlichen Spalierformen – Standard, Halbstamm, Fächer, senkrechter oder waagerechter Kordon – und verschiedenen Wuchshöhen, sodass sich für jede Gartengröße das Richtige findet.

Unten:

Kirschen

Eine der beliebtesten Obstsorten, die leider sehr anfällig für schlechtes Wetter und Vogelschäden ist. Nicht ohne Risiko, jedoch immer einen Versuch wert.

Oben:

Apfel

Bei Apfelbäumen gilt es, seine Wahl sorgfältig zu treffen – schließlich wird man diese Äpfel viele Jahre lang essen!

Rechts:

Quitte

Die Quitte ist einer der ansehnlichsten Obstbäume; auf die hübschen zartrosa Blüten folgen Früchte in sanftem Gold, die gekocht ein wunderbares Aroma entwickeln.

Apfelgarten im Shaker-Dorf Canterbury
Bevor man einen Obstgarten anlegt, sollte man sich Gedanken machen, was mit all dem Obst geschehen soll. Ein einziger Apfelbaum kann schon überreich Frucht tragen, während ein ganzer Obstgarten sich schnell in einen Albtraum verwandeln kann, hat man nicht Tiere, an die man das Fallobst verfüttert, und reichlich Zeit, um die Ernte einzulagern und zu konservieren.

Sobald die Bäume gepflanzt sind, verlangen sie nach konstanter Pflege. In den ersten Jahren sollten sie bei sehr trockenem Wetter großzügig gegossen werden. Es ist anzuraten, schwertragende junge Bäumchen von einem Teil ihrer Last zu befreien, um zu verhindern, dass das Gewicht der wachsenden Früchte die Äste bricht. Gras und anderes Kraut sind von den Baumscheiben zu entfernen, da sie um Nährstoffe konkurrieren. Das Mindeste ist eine nackte Baumscheibe von einem Meter. Im Herbst mit Knochenmehl kopfdüngen und den Boden mit einer großzügigen Schicht aus gut verrottetem Mist oder Kompost mulchen.

Nur wenige verfügen über genügend Platz für einen ausgewachsenen Obstgarten, doch dank kleinwüchsiger Unterlagen findet in den meisten Gärten wenigstens ein Exemplar der Lieblingsfrucht Platz. Ein zum Palmetten-Spalier oder zum senk-

Tipp

Vernichtung von Raupen auf Obstbäumen

Das Beste, was wir benutzt haben, war in der Art einer Beizbürste am Ende einer leichten, geraden Stange. Reicht man damit am Morgen in die Nester, bevor die Raupen sie verlassen haben (und sie sind gewöhnlich bis etwa neun Uhr morgens daheim), kann man sie sehr leicht um die Bürste wickeln, von der sie sich leicht mit dem Fuß abstreifen und zertreten lassen. Einige wenige Kontrollgänge im Obstgarten während einer Woche, nicht lange nachdem die Brut geschlüpft ist, und die sorgfältige Anwendung der Bürste braucht sie ziemlich wirkungsvoll auf und hinterlässt keine zur Vermehrung. Ist jemand zu arm, eine dieser Spiralbürsten zu kaufen, um seinen Obstgarten von diesen nutzlosen Eindringlingen zu befreien, sagen wir ihm einfach, dass das Ende eines vorjährigen Königskerzenstängels, an eine Stange gebunden, ein annehmbarer Ersatz für die Drahtborsten ist.

Farmer's Second Book (1853)

rechten oder waagerechten Kordon gezogener Obstbaum kann an einer Wand oder einem Weg stehen – Schönheit und Nutzen, die auch bei den Shakern Anklang fänden. Das Schneiden der Bäume ist nicht kompliziert, doch es ist abhängig von der Obstsorte und lässt sich daher nicht gut verallgemeinern. Der Züchter, bei dem der Baum erstanden wurde, kann mit Ratschlägen oder einem Faltblatt behilflich sein.

Wo immer möglich, sollten Sorten gewählt werden, die als krankheitsresistent bekannt sind. Dies ist für den biologischen Gärtner besonders wichtig, der das Arsenal an Chemikalien, die oft im kommerziellen Obstbau Anwendung finden, weder hat noch will. Ich weiß nicht genau, auf welche Raupenart die Shaker im oben genannten Extrakt verweisen, noch was eine Beizbürste ist, aber sie sind bezeichnend für die erfinderische Art der Shaker.

ÄPFEL

„In etwa der feinste Happen, der je einen Gaumen kitzelte, ist ein gegarter Apfel; nicht gekocht wie eine Kartoffel oder gedämpft wie ein Kloß, sondern wie folgt: Man lege eine Lage hellschaliger Baldwins, oder eine andere schöne Sorte, in eine Schmorpfanne, mit etwa einem Viertel Zoll Wasser. Man gebe darüber etwa einen halben Becher Zucker auf sechs größere Äpfel und schmore es, bis die Äpfel durch und durch gar sind und der Sirup beinahe dick genug für Gelee ist. Nach nur einem Versuch würde niemand unter irgendwelchen Umständen hellschalige Äpfel schälen wollen. Die Schale enthält einen sehr großen Anteil der gelierenden Substanz und verleiht ein Aroma, das anders unmöglich zu erreichen ist. "

MARY WHITCHER'S SHAKER HOUSE-KEEPER (1882)

REZEPT

Apfelgelee

Zutaten

500 g Apfelbrei (gekochte zerschnittene Äpfel)
500 g Gelierzucker

Zubereitung

Den Brei über Nacht durch Käseleinen ablaufen lassen. Auf 500 ml Flüssigkeit 500 g Gelierzucker geben. Sprudelnd kochen, bis der Gelierpunkt erreicht ist, dann in vorgewärmte Gläser füllen und versiegeln.

Die Shaker liebten ihren meistgepflanzten Obstbaum, den Apfelbaum. Ursprünglich wurden viele für Apfelwein angepflanzt, doch selbst nachdem man diese gerodet hatte, um die Apfelweinherstellung zu unterbinden, wurden noch Äpfel zum Essen, Trocknen und Weiterverarbeiten angebaut. Mit Rosenwasser aromatisierter Apfelkuchen war bei den Gemeinschaften ausgesprochen beliebt und verkaufte sich auch gut, ebenso wie das Apfelmus, das über 50 Jahre an die „Welt" verkauft wurde. Die Apfelernte war eine Festzeit in der Gemeinschaft, an der alle Teilnehmer, alt wie jung, gleichermaßen Freude hatten.

Äpfel wie auch andere Obstgehölze wurden von den ersten Siedlern nach Amerika gebracht. Die Shaker zogen und genossen Birnen, Pflaumen, Kirschen und Quitten.Von diesen Früchten wird heute nur die Quitte relativ selten angebaut, was sehr schade ist, da es ein dekorativer Baum mit hübschen Blüten ist. Die schweren goldenen Früchte verleihen Äpfeln ein wundervolles Aroma, wenn man beide zusammen kocht, und eine frisch gepflückte Quitte erfüllt mit ihrem Duft einen ganzen Raum. Der Baum kann zu einer Kugelkrone gestutzt werden, so dass er in den meisten kleinen Gärten Platz findet. In einer Zeit, da viele Obstsorten problemlos im Handel zu finden sind und oft nur Raum für einen einzigen Obstbaum ist, sollte man dafür eine Sorte auswählen, die schön anzusehen ist und eine Frucht trägt, die sonst nicht leicht erhältlich ist – ein weiteres Beispiel von Nutzen und Schönheit.

Das mildere Klima der südlicher gelegenen Shaker-Siedlungen erlaubte den Gärtnern dort, empfindlicheres Obst wie Pfirsiche und Aprikosen anzubauen, und eine kurze Zeit lang, als eine Gemeinschaft in Florida existierte, zogen Shaker sogar selbst Orangen.

Auf meiner Reise durch das Jahr, als ich meinen Garten plante, meine Pflanzen zog und dieses Buch schrieb, wurde mir klar, dass die Shaker bei ihrer Lebensaufgabe, „einen Himmel auf Erden zu schaffen", eine jede Aufgabe so voller Hingabe, Sorgfalt und Verständnis begannen, dass der moderne Shaker darin eine große Hilfe und Inspiration finden kann. Ich hoffe, ich bin ihnen gerecht geworden.

Gegenüber:

Äpfel lagern

Nur unbeschädigte Äpfel werden einzeln in Papiernester gegeben und in einfacher Lage in eine niedrige Kiste oder auf ein Bord gelegt. Bei gelegentlichen Kontrollen werden alle Äpfel aussortiert, die zu verderben drohen.

Links:

Apfelgelee

Für Apfelgelee zerkleinert man Äpfel mitsamt Kerngehäuse und Schale, gibt sie in eine schwere Kasserolle, bedeckt sie knapp mit Wasser und kocht sie weich. Aus dem daraus gewonnenen Saft wird nach dem links stehenden Rezept das Apfelgelee bereitet.

Anhang

Bibliographie

Beale, Galen, und Mary Rose Boswell: *The Earth Shall Blossom.* Woodstock, Vt.: Countryman Pr., 1991

Buchanan, Rita: *The Shaker Herb & Garden Book.* New York, Toronto, Houghton Mifflin, 1996

MacMillan, Norma: *In a Shaker Kitchen.* London: Pavilion Books, 1995

Rieman, Timothy D.: *Shaker: The Art of Craftsmanship.* Alexandria, Va.: Art Services International, 1995

Sprigg, June, und Larkin, David: *Shaker, Life, Work, and Art.* London: Cassell, 1988

Sprigg, June: *Simple Gifts.* New York: Vintage Books, 1998

The Gardener's Manual, 1843 (Faksimile-Druck einer Vorlage aus der Bibliothek im Shaker-Dorf Hancock). Massachusetts, 1991

Rechts:
Bauernkarren
Ein Bauernkarren in einer Shaker-Siedlung ist bereit für sein Gespann.

Register

Die geraden Ziffern verweisen auf den Text, die kursiven auf die Abbildungen.

Adressen / Dank

Shaker-Dörfer und -Organisationen

Shaker-Dorf Hancock
P.O. Box 927
Pittsfield, MA 01202
Tel.: (413) 447 9357
www.shakerworkshops.com/hancock.htm

Shaker-Dorf Canterbury
288 Shaker Road,
Canterbury, NH 03224
Tel.: (800) 982 9511
www.shakers.org/index.shtml

Die Shaker-Bibliothek
Sabbathday Lake
707 Shaker Road
New Gloucester, ME 04260
Tel.: (207) 926 4597
www.shakerworkshops.com/sdl.htm

Shaker-Museum und Bibliothek
88 Shaker Museum Road
Old Chatham, NY 12136
Tel.: (518) 794 9100
www.shakerworkshops.com/sml.htm

Shaker-Museum in South Union/ Kentucky
P.O. Box 30
South Union, KY 42283
Tel.: (800) 811 8379
www.logantele.com/~shakmus/index.htm

Shaker-Dorf in Pleasant Hill
3501 Lexington Road
Harrodsburg, KY 40330
Tel.: (800) 734 5611
www.shakervillageky.org/info.html

Shaker-Museum in Enfield
2 Lower Shaker Village
Enfield NH 03748
Tel: (603) 632 4346
www.shakerworkshops.com/lsv.htm

Gesellschaft zur Bewahrung des Shaker-Erbes
1848 Shaker Meeting House
Albany Shaker Road
Albany, NY 12211
Tel: (518) 456 7890
www.shakerworkshops.com/waterv.htm

Die Autorin möchte den folgenden Personen für ihre Mitwirkung an diesem Buch danken:
Dem Team, das dafür verantwortlich war, dass das Zustandekommen dieses Buches ein freudiges Ereignis war: Anna Mumford (Herausgeber), Jane Trollope (Lektorat), Michelle Garrett (Fotos), Debbie Mole (Design), Gabrielle Izen (Illustrationen) – Martyn Saunders & Kathe Deutsch, in deren Garten ich schalten und walten durfte – Stewart Walton, der den Nistkasten so geschickt konstruierte – Jack & Debbie Howell, die die Pflaster- und Holzarbeiten im Shaker-Garten ausführten – Sally Morse Majewski und Sharon Duane Koomler vom Shaker-Dorf Hancock, die mir mit Rat und Tat zur Seite standen – Raymond Bradshaw vom Old Village Paint Store, der großzügig sämtliche Anstriche für dieses Buch zur Verfügung stellte – Ann Lingard, die für die Fotos mit Gartengeräten aushalf – Forsham Cottage Arks, die das Bienenstock-Häuschen ausliehen.

Widmung
Dieses Buch ist den Shakern gewidmet; ganz besonders jedoch jener Mitschwester, die „nicht wie ein Stuhl in Erinnerung bleiben wollte".

Impressum

Die Originalausgabe erschien 2000 unter dem Titel *The Shaker Garden. Beauty through Utililty* im Verlag David & Charles, Brunel House, Forde Close, Newton Abbot, Devon.

Übersetzung aus dem Englischen:
Claudia Arlinghaus, Münster
Satz der deutschen Ausgabe:
Edith Mocker, Eichenau

Verlag Georg D.W. Callwey,
Streitfeldstraße 35, D-81673 München
http://www.callwey.de
e-mail: buch@callwey.de

Die Deutsche Bibliothek – CIP-Einheitsaufnahme
Ein Titeldatensatz für diese Publikation ist bei Der Deutschen Bibliothek erhältlich.
ISBN 3-7667-1446-5

Design: Debbie Mole
Fotografie: Michelle Garrett (außer Seite 63)
Illustrationen: Gabrielle Izen

Druck und Bindung: Milanostampa SpA, Mailand
Printed in Italy 2001